Wissenschaftliche Taschenbücher WTB

Mathematik · Physik

N. D. Shewandrow

Die Polarisation des Lichtes

Akademie-Verlag · Berlin

WTB Wissenschaftliche Taschenbücher

ROLF BORSDORF / MANFRED SCHOLZ
Spektroskopische Methoden in der organischen Chemie

WERNER HABERDITZL
Magnetochemie

GERHARD HEBER
Mathematische Hilfsmittel der Physik, Teil I und II

A. A. SOKOLOW
Elementarteilchen

HEINZ AHRENS
Varianzanalyse

HANS-JÜRGEN TREDER
Relativität und Kosmos
Raum und Zeit in Physik, Astronomie und Kosmologie

ALBERT EINSTEIN
Grundzüge der Relativitätstheorie

ALBERT EINSTEIN
Über die spezielle und die allgemeine Relativitätstheorie

GÜNTHER LUDWIG
Wellenmechanik. Einführung und Originaltexte

HARRY PAUL
Lasertheorie, Teil I und II

FRANZ RUDOLF KESSLER
Einführung in die physikalischen Grundlagen der Kernenergiegewinnung

D. TER HAAR
Quantentheorie. Einführung und Originaltexte

J. H. SANDERS
Die Lichtgeschwindigkeit. Einführung und Originaltexte

JEAN KUNTZMANN
Unendliche Reihen
Mathematische Hilfsmittel der Physik und Chemie
Mit 94 Übungen und 29 Aufgaben

JEAN KUNTZMANN
Systeme von Differentialgleichungen
Mathematische Hilfsmittel der Physik und Chemie
Mit 88 Übungen und 40 Aufgaben

JEAN KUNTZMANN
Komplexe Veränderliche
Mathematische Hilfsmittel der Physik und Chemie
Mit 90 Übungen und 37 Aufgaben

FERDINAND CAP
Einführung in die Plasmaphysik
I. Theoretische Grundlagen
— insgesamt 3 Bände —

J. A. ROSANOW
Wahrscheinlichkeitstheorie

HARRY PFEIFER
Theorie linearer Bauelemente
Elektronik für den Physiker I

HARRY PFEIFER
Die Elektronenröhre
Elektronik für den Physiker II

HARRY PFEIFER
Schaltungen mit Elektronenröhren
Elektronik für den Physiker III

HARRY PFEIFER
Leitungen und Antennen
Elektronik für den Physiker IV

HARRY PFEIFER
Mikrowellenelektronik
Elektronik für den Physiker V

HARRY PFEIFER
Halbleiterelektronik
Elektronik für den Physiker VI

SIEGFRIED HAUPTMANN
Über den Ablauf organisch-chemischer Reaktionen

GERHARD HÜBNER / KLAUS JUNG / ECKART WINKLER
Die Rolle des Wassers in biologischen Systemen

STEPHEN G. BRUSH
Kinetische Theorie, Teil I und II

EBERHARD HOFMANN
Eiweiße und Nucleinsäuren als biologische Makromoleküle
Dynamische Biochemie, Teil I

EBERHARD HOFMANN
Enzyme und energieliefernde Stoffwechselreaktionen
Dynamische Biochemie, Teil II

EBERHARD HOFMANN
Intermediärstoffwechsel
Dynamische Biochemie, Teil III

EBERHARD HOFMANN
Grundlagen der Molekularbiologie und Regulation des Zellstoffwechsels
Dynamische Biochemie, Teil IV

HERBERT GOERING
Elementare Methoden zur Lösung von Differentialgleichungsproblemen

PETER KRUMBIEGEL
Isotopieeffekte

D. M. BRINK
Kernkräfte. Einführung und Originaltexte

DIETER ONKEN
Steroide
Zur Chemie und Anwendung

HEINZ GEILER
Ökologie der Land- und Süßwassertiere

ARTHUR P. CRACKNELL
Angewandte Gruppentheorie
Einführung und Originaltexte

DIETER KLAUA
Elementare Axiome der Mengenlehre

GÜNTER TEMBROCK
Grundlagen der Tierpsychologie

J. P. VINSON
Optische Kohärenz in der klassischen Theorie und in der Quantentheorie

W. R. HINDMARSH
Atomspektren. Einführung und Originaltexte

GÜNTER TEMBROCK
Biokommunikation
Informationsübertragung im biologischen Bereich
Teil I und II

ADOLF ZSCHUNKE
Kernmagnetische Resonanzspektroskopie in der organischen Chemie

DIETER MERKEL
Riechstoffe

JOHN CUNNINGHAM
Vektoren

GEORG DAUTCOURT
Relativistische Astrophysik

ERNST SCHMUTZER
Symmetrien und Erhaltungssätze der Physik

GERHARD LERCH
Pflanzenökologie

MICHAEL GÖSSEL
Angewandte Automatentheorie, Band I
Grundbegriffe

MICHAEL GÖSSEL
Angewandte Automatentheorie, Band II
Lineare Automaten und Schieberegister

HEINRICH KINDLER
Der Regelkreis. Eine Einführung

HARRY PAUL
Nichtlineare Optik, Teil I und II

A. R. KESSEL
Akustische Kernresonanz

WOLFRAM BRAUER / HANS-WALDEMAR STREITWOLF
Theoretische Grundlagen der Halbleiterphysik

DIETRICH BENDER / ERNST-EGON PIPPIG
Einheiten, Maßsysteme, SI

EBERHARD TEUSCHER
Pharmakognosie, Teil I und II

DIETER KLAUA
Grundbegriffe der axiomatischen Mengenlehre, Teil I und II

JOACHIM NITSCHMANN
Entwicklung bei Mensch und Tier. Embryologie

HANS BANDEMER / ANDREAS BELLMANN / WOLFHART JUNG / KLAUS RICHTER
Optimale Versuchsplanung

HELMUT FRIEMEL / JOSEF BROCK
Grundlagen der Immunologie

E. G. GOLSTEIN
Konvexe Optimierung. Die Elemente der Theorie

N. D. SHEWANDROW
Die Polarisation des Lichtes

Vorschau auf die nächsten Bände:

R. A. R. TRICKER
Frühe Elektrodynamik

L. A. SKORNJAKOW
Elemente der Verbandstheorie

WTB

BAND 44

N. D. Shewandrow

Die Polarisation des Lichtes

Mit 72 Abbildungen

AKADEMIE-VERLAG · BERLIN

Reihe MATHEMATIK UND PHYSIK

Übersetzung aus dem Russischen
(gekürzte Fassung)
Erschienen im Verlag Nauka, Moskau

Н. Д. Жевандров, Поляризация света

Übersetzung der deutschen Ausgabe:
Ein Studentenkollektiv der Sektion Physik der TU Dresden,
Leitung *H. Rotter*
Herausgeber der deutschen Ausgabe:
Dr. G. Röpke, Dresden

1973

Lizenznummer: 202 · 100/437/73
Herstellung: VEB Druckhaus „Maxim Gorki", 74 Altenburg
Bestellnummer: 761 852 9 (7044) ES 18 B 5
Printed in GDR

Inhaltsverzeichnis

KAPITEL I

Das Licht

Jeder weiß zweifellos, was Licht ist, nämlich elektromagnetische Wellen. Dieses Wissen kann jedoch sehr unterschiedlich sein. Zwei Fragen müssen dazu geklärt werden: Was sind überhaupt Wellen, und inwiefern können sie elektromagnetischer Natur sein?

Der Begriff „Welle" ist jedem geläufig; Wellen auf der Oberfläche einer Flüssigkeit sowie eine Welle, die auf einem straff gespannten, elastischen Seil läuft, sind Beispiele für alltägliche Beobachtungen. Aber sehr viele Wellen sind unsichtbar, z. B. die Schallwellen in der Luft, die Kompressionswellen in einem elastischen Stab oder in der Erdrinde.

Mit Wellen sind stets gewisse Veränderungen im Raum verbunden. Was verändert sich aber? Gewöhnlich ändert sich bei räumlichen Bewegungen die Lage verschiedener Dinge: einzelner Körper, Moleküle, Elementarteilchen. Eine Welle bewirkt etwas anderes, sie verlagert nicht die Materie selbst im Raum, sondern sie ändert deren Zustand.

Man streue auf eine Wasseroberfläche einige leichte Späne oder Korkstückchen und erzeuge dann dadurch Wellen, daß man einen Stein in die Nähe der äußersten Späne wirft. Die Welle breitet sich in alle Richtungen aus, auch auf die Späne zu. Und wie bewegen sich die Späne? Wenn man den Versuch exakt ausführt (Experiment und Präzision sind untrennbare Begriffe), entdeckt man, daß die Späne sich tatsächlich nicht in der Ausbreitungsrichtung der Welle, also horizontal, verschieben, sondern sich nur nacheinander heben und senken, d. h. senkrecht zur Ausbreitungsrichtung der Welle bewegen. Es zeigt sich, daß sich in der Ausbreitungsrichtung der Welle die Späne nicht verlagern, wohl aber werden ihre Abweichungen von der Gleichgewichtslage geändert, d. h. ihre Zustände. Darin besteht auch die Haupteigenschaft jeder beliebigen Welle. Wellen dieses Typs, bei denen die Schwingungsrichtung senkrecht auf der Ausbreitungsrichtung steht, nennt man Transversalwellen.

Schallwellen, z. B. in der Orgelpfeife, sind anderer Art. Entlang der Pfeife breitet sich eine Welle von Luftverdichtungen und -verdünnungen aus, wobei die Teilchen in der Ausbreitungsrichtung der Welle schwingen. Solche Wellen heißen Longitudinalwellen. Die Begriffe Transversal- und Longitudinalwellen erweisen sich im folgenden als sehr nützlich.

Wellen in Flüssigkeiten und in der Luft sind uns geläufig, aber was sind elektromagnetische Wellen?

Erinnern wir uns zunächst daran, was ein elektromagnetisches Feld ist. Das ist ein bestimmter physikalischer Zustand des Raumes, in dem sich ruhende und auch bewegte elektrische Ladungen (d. h. elektrische Ströme) befinden. Im ersten Fall liegt nur ein elektrisches Feld vor, kein magnetisches. Aber sobald die Ladungen sich zu bewegen beginnen, entsteht im umgebenden Raum auch ein magnetisches Feld, und das elektrische Feld verändert sich, weil es durch die räumliche Verteilung der Ladungen bestimmt wird, die sich bei der Bewegung der Ladungen verändert. Dieser Umstand gestattet es, bei der phänomenologischen Beschreibung der Felder auch ohne den Begriff Ladungen auszukommen, wenn man als Ursache für die Entstehung des magnetischen Feldes einfach die Veränderung des elektrischen Feldes ansieht. Diese Behauptung enthält nichts anderes als den physikalischen Inhalt der bekannten empirischen Gesetze von Coulomb und Biot-Savart. Andererseits folgt aus dem Faradayschen Gesetz der elektromagnetischen Induktion, daß die Veränderung eines magnetischen Feldes das Auftreten eines elektrischen Feldes bewirkt. Diese Eigenschaften ermöglichen es auch, den einheitlichen Begriff des elektromagnetischen Feldes einzuführen. Seine wichtigsten quantitativen Größen sind die Vektoren der elektrischen und magnetischen Feldstärke. Diese können durch Messung der Kräfte, mit denen das Feld auf Ladungen und Ströme wirkt, definiert werden.

Die Formulierung der physikalischen Grundbegriffe des elektromagnetischen Feldes gelang FARADAY. Die exakte mathematische Theorie des elektromagnetischen Feldes schuf MAXWELL. Der Inhalt dieser Theorie läßt sich am vollständigsten und gleichzeitig prägnantesten mit Hilfe der Vektoranalysis ausdrücken, etwas umständlicher in Koordinatenschreibweise unter Verwendung partieller Ableitungen. Das Wesen der physikalischen Ergebnisse der MAXWELLschen Theorie wird im folgenden dargelegt.

Eine elektromagnetische Welle stellt eine periodische räumliche und zeitliche Veränderung des elektrischen und des magnetischen Feldes dar, die sich vom Ort der Entstehung der elektromagnetischen Schwingungen, d. h. der zeitlichen Feldveränderungen an einem gegebenen Punkt, nach allen Seiten ausbreitet. Bei der Ausbreitung im Raum trägt die Welle einen Strom elektromagnetischer Energie, der um so größer ist, je höher die Feldstärken sind.

Eine elektromagnetische Welle wird durch zwei aufeinander senkrecht stehende Vektoren des elektrischen Feldes $\boldsymbol{E}$ und des magnetischen Feldes $\boldsymbol{H}$ beschrieben, die sich synchron (d. h. mit gleicher Phase) ändern und senkrecht auf der Ausbreitungsrichtung der Welle (dem Geschwindigkeitsvektor $\boldsymbol{V}$) stehen (Abb. 1.). Wir halten hier zwei für das folgende wichtige Sachverhalte fest:

1) die Transversalität der elektromagnetischen Wellen,

2) den eindeutigen räumlichen Zusammenhang von $\boldsymbol{E}$ und $\boldsymbol{H}$ — die Lage des einen bestimmt völlig die Lage des anderen Vektors, wobei die Vektoren $\boldsymbol{V}$, $\boldsymbol{E}$ und $\boldsymbol{H}$ in dieser Reihenfolge ein Rechtssystem bilden.

Äußerst überraschend war, ohne zu übertreiben, die Lösung der Frage nach der Geschwindigkeit der elektromagnetischen Wellen, die aus der MAXWELLschen Theorie folgt.

Um die Bedeutung dieses Resultats besser verstehen und emotional erfassen zu können, müssen wir etwas

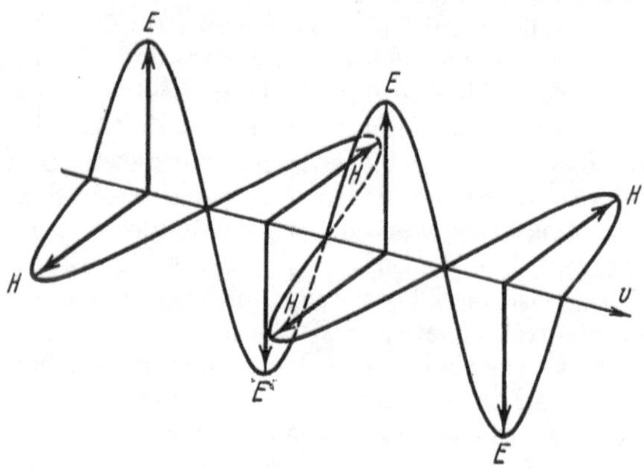

Abb. 1. Sich ausbreitende elektromagnetische Welle

über eine Angelegenheit sprechen, die auf den ersten Blick sehr weit von unserem Thema entfernt ist, nämlich über die Systeme der Einheiten, die in der Theorie der Elektrizität verwendet werden.

Es handelt sich darum, daß das in der Mechanik verwendete CGS-System in der Theorie der Elektrizität in zwei Systeme „aufgespalten" wurde — in das CGSE- und das CGSM-System. Das geschah nicht zufällig und hatte seine Ursache im Vorhandensein zweier Typen von Wechselwirkungen: der elektrischen und der magnetischen (oder der statischen und der dynamischen); mit anderen Worten: der Wechselwirkungen der Ladungen und der Wechselwirkungen der Ströme. Die Einheiten der elektrischen Ladung kann man demzufolge auf zwei Arten einführen: Erstens kann man als Einheiten der Ladung diejenigen bezeichnen, die bei einer Entfernung von 1 cm mit der Kraft 1 dyn aufeinander einwirken; zum anderen kann man als Einheiten der Stromstärke diejenigen benennen, die auf eine Entfernung von 1 cm die Kraft 1 dyn aufeinander ausüben (Länge des Stromleiters 1 cm). Die Einheit der Ladung wird dann diejenige Ladung sein, die, wenn sie 1 Sekunde lang fließt, einen Strom erzeugt, dessen Kraft genau eine Einheit ist. So haben wir in ein und demselben System von Einheiten zwei verschiedene Einheiten der elektrischen Ladung erhalten.

Die elektromagnetische Einheit der Ladung q_{CGSM} erwies sich als bedeutend größer als die elektrostatische Einheit q_{CGSE}. Der Umrechnungskoeffizient wird gewöhnlich mit dem Buchstaben c bezeichnet,

$$q_{\mathrm{CGSE}} = \frac{q_{\mathrm{CGSM}}}{c}.$$

Die Analyse der Dimensionen zeigt, daß der Koeffizient c die Dimension einer Geschwindigkeit hat. Als nun (im Jahre 1856) dieser Koeffizient erstmals experimentell bestimmt wurde, stellte sich heraus, daß er gleich $3 \cdot 10^{10}$ cm/sec war, d. h. mit der Lichtgeschwindigkeit übereinstimmt. Diese war aus astronomischen Versuchen, die bereits im 17. Jh. und später durchgeführt worden waren, und ebenfalls aus den berühmten Versuchen FIZEAUS (1849) bekannt.

Im Laufe der Zeit wurden exaktere Methoden zur Messung der Lichtgeschwindigkeit gefunden. Infolge der enormen zu messenden Geschwindigkeit erforderten die ersten Varianten dieser Methoden (zu denen auch die FIZEAUS gehört) eine gewaltige Basis (Entfernungen, längs derer die Durchlaufgeschwindigkeit gemessen wird) in der Größenordnung von vielen Kilometern, was natürlich zu bedeutenden Fehlern in den Endresultaten führte. Je schneller die optischen Verschlüsse wurden, die für die Bestimmung des Beginns und des Endes der Meßzeit notwendig waren, desto kürzer wurde die verwendete Meßstrecke. Moderne Verschlüsse bieten die Möglichkeit, den Lichtstrom milliardenmal in der Sekunde zu unterbrechen, deshalb genügt eine Meßstrecke von insgesamt nur einigen Metern. Die Genauigkeit der Messungen ist dabei hinreichend hoch. Je genauer dabei die Experimentatoren die Lichtgeschwindigkeit maßen, desto genauer stimmte sie mit dem Umrechnungskoeffizienten c überein.

Diese unwahrscheinliche Übereinstimmung war ein unerklärliches physikalisches Rätsel. Es ist daher leicht zu verstehen, welche hervorragende Bedeutung die Schlußfolgerung der MAXWELLschen Theorie hatte, die bestätigte, daß die Geschwindigkeit der elektromagnetischen Wellen im Vakuum gleich dem Koeffizienten c ist. Daraus konnte man nur den einen Schluß ziehen: das Licht besteht aus elektromagnetischen Wellen.

Diese Schlußfolgerung stellte ein großartiges Ergebnis der MAXWELLschen Theorie dar und rief einen derartig nachhaltigen Eindruck auf alle Physiker hervor, daß sich in der gesamten Geschichte der Wissenschaft nur wenige analoge Beispiele anführen lassen. Dabei ging es aber nicht nur um den Koeffizienten c. Die Hauptsache bestand im Verständnis des eigentlichen Wesens des Lichtes, das anscheinend in eine tiefe Sackgasse geraten war, aus der die MAXWELLsche Theorie einen glänzenden Ausweg bot.

Die zweite Hälfte des 19. Jahrhunderts war durch eine stürmische Entwicklung der Lehre vom Licht, der physikalischen Optik, gekennzeichnet. Eben damals wurden die Grundlagen für die Lehre von der Wechselwirkung zwischen Licht und Materie gelegt, es entstanden die Spektroskopie und weitere Zweige der Optik, die eine neue Ära in der Wissenschaft einleiteten: die Begründung der Quantenmechanik. Andererseits spielten optische Experimente (der bekannte Versuch von MICHELSON) eine hervorragende Rolle bei der Entstehung der Relativitätstheorie. Als Fazit aus dieser Periode konnte BRAGG zu Recht seinen berühmten Satz niederschreiben: „Im Worte ‚Licht‘ ist die gesamte Physik und damit die gesamte Wissenschaft enthalten.“ Man kann leicht begreifen, von welch fundamentaler Bedeutung damals die Frage nach der Natur des Lichtes war.

Worin bestanden nun die Schwierigkeiten dieses Problems? Um sie klar zu verstehen, bedarf es eines historischen Rückblicks dazu. Im Gegensatz zu NEWTON, der das Licht als einen Strom elastischer Partikelchen auffaßte, stellte der holländische Physiker HUYGENS gegen Ende des 17. Jahrhunderts als erster die Hypothese von dem Wellencharakter des Lichtes auf. Mittels dieser Hypothese konnte er nicht nur eine Reihe bekannter optischer Erscheinungen (z. B. das Gesetz von der Reflexion des Lichtes) erklären, deren Interpretation auch bei der Korpuskulartheorie auf keinerlei Schwierigkeiten stieß, sondern auch neue Klassen von Erscheinungen (z. B. die Doppelbrechung des Lichtes in Kristallen) untersuchen und erläutern. Jedoch überwog in jener Zeit die Autorität NEWTONS, der Sieg war auf seiner Seite, und dabei spielte die Korpuskulartheorie gegenüber der Autorität NEWTONS eine sekundäre Rolle. Jahre verstrichen, und am Anfang des 19. Jahrhunderts erlangte die Wellentheorie in den Arbeiten von YOUNG, FRESNEL und anderen Physikern offensichtlich einen entscheidenden Sieg, da sie solche Erscheinungen, wie vor allem die Interferenz und die Beugung, erklärte, für die die Korpuskulartheorie keine Erklärung bot.

Um welche Wellen ging es nun in dieser Theorie? Welcher Natur sollten sie sein?

Einzig möglich schienen damals nur elastische Wellen. Die tagtägliche Erfahrung zeigte, daß sich das Licht in beliebigen durchsichtigen Medien fortpflanzen kann: in festen, flüssigen und gasförmigen, aber auch im Vakuum. So wurde die Frage gestellt, warum die Lichtwellen sich sowohl in Körpern mit großer Elastizität als auch im Vakuum, wo es sinnlos ist, von Elastizität zu sprechen, fortpflanzen können. Man wollte diese Schwierigkeiten beseitigen und führte deshalb ein hypothetisches, das gesamte Weltall ausfüllendes Medium, den „elastischen Äther", ein, der Träger der elastischen Lichtwellen sein sollte. Mit dem elastischen Äther tauchten jedoch neue Probleme auf.

Es gelang nicht, diese Hypothese mit einer ganzen Reihe von Erscheinungen in Einklang zu bringen. Schwierig wurde die Situation vor allem, als es um die Lösung des Problems ging, ob die Lichtwellen nun Longitudinal- oder Transversalwellen sind. Zuerst wurde diese Frage gar nicht gestellt, denn es schien kein Zweifel darüber zu bestehen, daß elastische Wellen nur Longitudinalwellen sein können. So faßte sie auch YOUNG in seinen frühen Arbeiten über Interferenz und Beugung auf, jedoch bewiesen kurze Zeit darauf die Experimente von FRESNEL, insbesondere das Fehlen eines Interferenzbildes bei der Wechselwirkung von zueinander senkrecht polarisierten Strahlen (s. auch Kap. VI) überzeugend die Transversalität der Lichtschwingungen. Dies rief für die elastische Wellentheorie des Lichtes unüberwindliche Schwierigkeiten hervor. Sie bestanden vielleicht weniger in der Tatsache, daß in einem elastischen Medium unmöglich Transversalwellen auftreten können (einige spezielle Thesen über den Charakter der Elastizität des Mediums ließen ihre Entstehung zu), als vielmehr darin, daß das völlige Fehlen von Longitudinalwellen undenkbar ist. Um das erklären zu können, konnte man lediglich annehmen, daß das Medium völlig inkompressibel ist. Natürlich führte diese so entscheidende Hypothese sofort zu neuen Rätseln. Dazu zählte z. B., wie man die Vorstellung über den inkompressiblen Äther (selbst wenn er so elastisch wie beispielsweise Stahl wäre) mit dem völligen Fehlen eines irgendwie merkbaren Einflusses dieses den kosmischen Raum ausfüllenden Mediums auf die Planetenbewegung in Einklang bringen sollte.

Dessen ungeachtet waren die Erfolge der Transversalwellentheorie von FRESNEL so überzeugend, daß alle Physiker sie anerkennen mußten, sogar LAPLACE, der ein Anhänger der Korpuskulartheorie war.

Es entstand die paradoxe Situation, daß die Vorstellung von den transversalen Lichtwellen zwar richtig war, daß sie andererseits aber nicht durch die Theorie des elastischen Äthers zu erklären und zu verstehen war.

Nach diesem kurzen historischen Rückblick begreift man leicht, welch glänzenden Ausweg aus dieser Sackgasse die von MAXWELL aufgestellte elektromagnetische Theorie des Lichtes darstellte.

Diese Theorie triumphierte bis zu Beginn des 20. Jahrhunderts, als neu entdeckte Erscheinungen, die hauptsächlich bei der Wechselwirkung des Lichtes mit der Materie auftreten, die Physiker dazu zwangen, die Unzulänglichkeit der Wellentheorie anzuerkennen und dazu überzugehen, Licht als Quanten (oder Photonen) zu betrachten. Aber das war durchaus keine Rückkehr zu den Vorstellungen von NEWTON, sondern die Formulierung neuer, tiefer gehender und komplizierterer Begriffe. Andererseits wurden die Verdienste der elektromagnetischen Lichtwellentheorie, die für das Verständnis optischer Erscheinungen eine überaus wichtige Rolle gespielt hatte, in keiner Weise geschmälert.

KAPITEL II

Die Polarisation des Lichtes

Transversale (und nur transversale) Wellen verfügen über eine grundlegende, in ihrem Wesen selbst liegende Eigenschaft, die unter der Bezeichnung Polarisation von Wellen bekannt ist. Bei Lichtwellen wird der Begriff „Lichtpolarisation" verwendet. Darunter versteht man eine räumliche Beziehung zwischen der Ausbreitungsrichtung des Lichtstrahls und der Richtung seines elektrischen (oder magnetischen) Vektors. In der MAXWELLschen Theorie wird lediglich festgestellt, daß diese Vektoren in der zur Ausbreitungsrichtung des Lichts senkrecht stehenden Ebene liegen. Sie schränkt aber in keiner Weise das Verhalten der Vektoren innerhalb dieser Ebene ein. Wie verhält sich z. B. der elektrische Vektor? Ist er in irgendeiner bestimmten Richtung innerhalb dieser Ebene fixiert, und in welcher; ist er überhaupt nicht fixiert oder nur teilweise (nicht streng), oder kann sich seine Richtung nach einem bestimmten Gesetz verändern (und können diese Gesetze wiederum unterschiedlich sein)? Alle diese Fälle sind möglich. Und sie alle bilden verschiedene Typen der Lichtpolarisation.

Offensichtlich ist für Longitudinalwellen der Begriff der Polarisation sinnlos. Die Geschichte der Entdeckung der Lichtpolarisation ist recht interessant.

Der Däne ERASMUS BARTHOLINUS entdeckte 1669 erstmalig experimentell eine Erscheinung, bei der sich die Lichtpolarisation zeigt — die Doppelbrechung. (Die Doppelbrechung wird im Kapitel V näher beschrieben.) HUYGENS untersuchte diese Erscheinung eingehend und beschrieb ihre Gesetzmäßigkeiten mit Hilfe einer scharfsinnigen, wenn auch formellen Theorie (1690). Die

Doppelbrechung des Lichtes besteht darin, daß in Kristallen ein Lichtstrahl gebrochen und in zwei Strahlen aufgespalten wird. Einer dieser Strahlen wird aus Gründen, von denen im Kapitel V die Rede sein wird, der ordentliche genannt, der andere heißt der außerordentliche. Wesentlich dabei ist, daß diese zwei Strahlen im Kristall verschiedene Polarisation haben. Doch konnte HUYGENS, der nur eine phänomenologische Theorie der Erscheinung ausarbeitete, nicht zu der Erkenntnis kommen, daß es sich hier um eine prinzipiell neue und grundlegende Eigenschaft des Lichtes handelte.

Dieser Gedanke tauchte zuerst bei dem Begründer der Korpuskulartheorie des Lichtes NEWTON auf.

In seiner berühmten „Optik" schrieb NEWTON, der die Ursache der Doppelbrechung in Kristallen zu erklären suchte:

„Es besteht daher eine ursprüngliche Verschiedenheit der Lichtstrahlen insofern, als bei diesem Versuche einige Strahlen beständig in ordentlicher, andere immer in außerordentlicher Weise gebrochen werden; ...

Haben nicht die Lichtstrahlen verschiedene Seiten, die mit verschiedenen ursprünglichen Eigenschaften begabt sind? ...

Deshalb muß man an jedem Lichtstrahl vier Seiten oder vier Viertel unterscheiden, von denen zwei einander gegenüberliegende den Strahl befähigen, ungewöhnlich gebrochen zu werden, ... die beiden anderen ... ihm keine andere, als die gewöhnliche Brechung gestatten....

Es ist klar, daß diese Dispositionen ursprünglich in den Strahlen lagen...

Es bleibt noch zu untersuchen, ob es noch andere Eigenschaften des Lichtes gibt, in denen diese Seiten der Strahlen voneinander abweichen, und durch welche sie unterschieden werden könnten."[1]

---

[1] I. NEWTON: Optik (1704). Dt. Übersetzung in Ostwald's Klassikern der exakten Wissenschaften, Nr. 97, von W. Abendroth, Leipzig 1898, II. und III. Buch, S, 113–115 (Anm. d. dt. Hgb.)

Das ist nichts anderes als die erste phänomenologische Definition der Lichtpolarisation in der Geschichte der Wissenschaft. Den Vorstellungen von NEWTON folgten Generationen von Physikern. Es erwies sich, daß es viele solche Eigenschaften gab, und dabei überaus interessante.

Der bedeutende sowjetische Photophysiker und hervorragende Kenner der Arbeiten NEWTONS, Akademiemitglied S. I. WAWILOW, schrieb dazu: „NEWTON zog keine weiterreichenden Schlußfolgerungen aus seiner gelungenen Hypothese, er hat sich wohl kaum ernsthaft mit der experimentellen Untersuchung der Doppelbrechung beschäftigt; jedenfalls gebührt ihm die Ehre, den Begriff der Polarisation des Lichtstrahls in die Optik eingeführt zu haben.“[1]

Der Terminus „Lichtpolarisation“ selbst wurde von dem französischen Physiker MALUS eingeführt, der mehr als ein Jahrhundert nach den Arbeiten HUYGENS' die Erscheinung der Lichtpolarisation bei der Reflexion an einer Glasoberfläche (s. Kap. V) entdeckte. Man nimmt an, daß er diese bedeutende Entdeckung zufällig machte. Doch ist das Auftreten der Intuition bei einem suchenden Forscher zufällig? Als MALUS 1808 durch ein Stück Islandspat das Spiegelbild der untergehenden Sonne auf den Fenstern des Palais de Louxembourg in Paris betrachtete, bemerkte er eine unterschiedliche Helligkeit der beiden Bilder, die sich bei Drehung des Kristalls änderte. Um mit den Worten NEWTONS zu sprechen, MALUS entdeckte, daß das vom Glas reflektierte Licht auch eine „Seitlichkeit“ hat. Die Semantik der von ihm vorgeschlagenen Bezeichnung „Polarisation“ stammt eindeutig aus der Korpuskulartheorie. Das ist völlig erklärlich, weil sich die damals ausgearbeitete Wellentheorie des Lichtes, wie schon bemerkt, auf die Vorstellung von elastischen Longitudinalwellen stützte, die die Vorstellung von der „Seitlichkeit“ des Strahls aus-

---

[1] S. I. VAVILOV: Sobranie socinenij, Bd. III. Moskau 1956, S. 358.

schloß. Im Teilchenbild dagegen war die Beschreibung mit Hilfe asymmetrischer und irgendwie orientierter Lichtteilchen möglich (analog zur Polarisation der Dielektrika im elektrischen Feld).

Somit geht nicht nur der Begriff selbst, sondern auch die Bezeichnung direkt oder indirekt von Newton aus.

Solange die Wellentheorie des Lichtes „longitudinal" blieb, verfügte nur die Korpuskulartheorie über eine gewisse Betrachtungsweise des Wesens der Polarisation und benutzte diese zur Erklärung neuer experimenteller Entdeckungen auf diesem Gebiet, die nicht auf sich warten ließen. Es genügt, die Entdeckung der Drehung der Polarisationsebene in Quarz (Arago, 1811) und in Flüssigkeiten (Biot, 1815), der chromatischen Polarisation (Veränderlichkeit der Farbe von Kristallplättchen; Arago, 1811), die Arbeiten Brewsters u. a. zu nennen. Die Methoden der Korpuskulartheorie erwiesen sich jedoch als ziemlich unvollkommen und umständlich. Zur Erklärung der neuen Fakten war die Einführung zusätzlicher Hypothesen und die Verkomplizierung der ursprünglichen notwendig. So schlug Biot 1812 zur Erklärung der chromatischen Polarisation die Korpuskulartheorie der „beweglichen Polarisation" vor, die auf der willkürlichen Hypothese von der Änderung der Orientierung der Lichtteilchen im Verlauf des Durchgangs des Lichts durch einen Kristall beruhte. Die Versuche, mit dieser Hypothese die Drehung der Polarisationsebene zu erklären, erforderten ihre weitere Verkomplizierung und waren trotzdem nicht vom Erfolg gekrönt.

Nur die Transversalwellen-Theorie des Lichtes schuf adäquate Vorstellungen für die Beschreibung und Erklärung der vielfältigen Eigenschaften und Erscheinungen der Lichtpolarisation.

Bevor wir zu deren systematischen Darlegung übergehen, wollen wir nur bemerken, daß die Priorität, die der Korpuskulartheorie bei der Einführung des Begriffs der Lichtpolarisation zukommt, im Zusammenhang mit der Deutung dieser Erscheinungen vom quantentheoretischen Standpunkt (Photonen), von dem im Kapitel VII die Rede sein wird, von großem historischem Interesse ist.

KAPITEL III

Die verschiedenen Arten der Polarisation des Lichtes

Wenn sich bei der Ausbreitung der Lichtwellen die Schwingungsrichtung des elektrischen Vektors unregelmäßig, chaotisch ändert, und folglich jede beliebige Richtung in der Ebene senkrecht zur Ausbreitungsrichtung der Welle für ihn gleich wahrscheinlich ist, dann wird solches Licht als unpolarisiert oder natürlich bezeichnet.

Die Mehrzahl der natürlichen und künstlichen Lichtquellen (sowohl warme als auch kalte) strahlt gerade solches Licht aus, wodurch auch die zweite Bezeichnung bedingt ist.

Wenn die Schwingungen des elektrischen Vektors genau in einer Richtung fixiert sind, dann heißt das Licht linear polarisiert. Es kann vertikal, horizontal oder längs einer beliebigen anderen Richtung polarisiert sein.

Mit dem gleichen Recht kann man natürlich anstelle der Schwingungen des elektrischen die des magnetischen Vektors betrachten. Die Festlegung des einen der beiden Vektoren bestimmt gleichzeitig den zweiten. Es wurde vereinbart, gerade den elektrischen Vektor zu betrachten, weil er bei den meisten bekannten Prozessen der Wechselwirkung des Lichts mit Materie die größere Rolle spielt. Im Prinzip ist jedoch die Frage, welcher Vektor — der elektrische oder der magnetische — der wesentliche Lichtvektor ist, sinnlos; alles hängt von dem konkreten System ab, das mit dem Licht in Wechselwirkung steht.

Polarisiertes Licht ist graphisch bequem darzustellen durch die Projektion der Bahn, die der Endpunkt des schwingenden elektrischen Vektors beschreibt, auf die Ebene senkrecht zum Strahl. Im Falle des linear polarisierten Lichtes ist ein solches projiziertes Bild sehr einfach — ein gerader Strich unter einem bestimmten Winkel φ zu einer der ausgewählten Koordinatenachsen. Den Winkel φ kann man Azimut der Polarisation nennen (Abb. 2). Jedoch in anderen komplizierteren Fällen ist die Hilfe von solchen Illustrationen unter Umständen wesentlich.

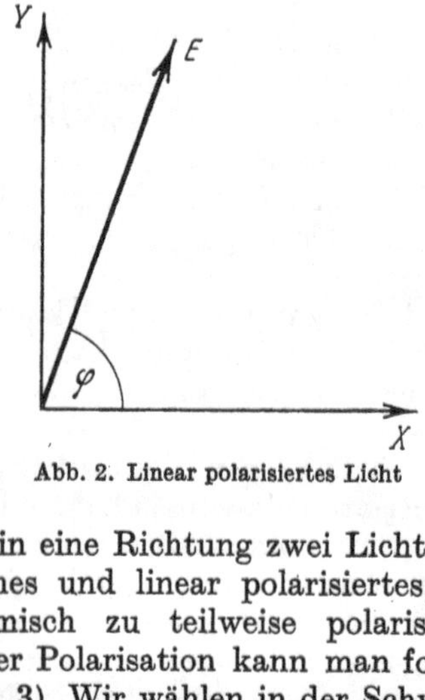

Abb. 2. Linear polarisiertes Licht

Wenn man in eine Richtung zwei Lichtstrahlen fallen läßt, natürliches und linear polarisiertes, so wird das erhaltene Gemisch zu teilweise polarisiertem Licht. Diese Form der Polarisation kann man folgendermaßen erklären (Abb. 3). Wir wählen in der Schwingungsebene des Feldstärkevektors von natürlichem Licht ein willkürliches orthogonales Koordinatensystem, denken uns auf die Achsen X und Y alle möglichen Lagen des Feldstärkevektors projiziert und summieren danach alle x- und y-Komponenten auf. Man sieht, daß bei natürlichem Licht diese zwei Summen immer, bei beliebiger Orientierung des Koordinatensystems, gleich sind; $\Sigma x \equiv \Sigma y$. Dieses kann man als Definition des natürlichen Lichtes betrachten. Im Fall des teilweise polarisierten Lichtes kann man das Koordinatensystem immer so orientieren, daß sich $\Sigma x \neq \Sigma y$ ergibt. Wenn z. B. die Y-Achse die Senkrechte ist und $\Sigma y > \Sigma x$ gilt, so ist das

Licht teilweise vertikal polarisiert; wenn aber $\Sigma x > \Sigma y$ ist, dann ist das Licht teilweise horizontal polarisiert. Teilweise polarisiertes Licht ist der allgemeinste Fall.

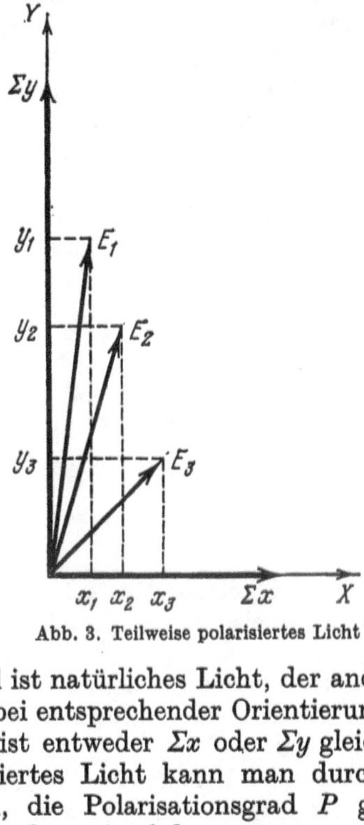

Abb. 3. Teilweise polarisiertes Licht

Ein Grenzfall ist natürliches Licht, der andere das linear polarisierte (bei entsprechender Orientierung der Koordinatenachsen ist entweder Σx oder Σy gleich Null). Teilweise polarisiertes Licht kann man durch eine Größe kennzeichnen, die Polarisationsgrad P genannt wird. Wenn man die Intensität[1] der gesamten x-Komponenten mit I_x und der y-Komponenten mit I_y bezeichnet, so erhält man

$$P = \frac{I_y - I_x}{I_y + I_x}.$$

[1] Die Intensität des Lichtes ist proportional dem Amplitudenquadrat der Lichtwelle. – Das Koordinatensystem X, Y soll so orientiert sein, daß die Intensität der gesamten x-Komponenten minimal oder maximal wird (Anm. d. dt. Hgb.)

P wird als Bruch oder in Prozenten ausgedrückt. Für das linear polarisierte Licht ist $P = 100\%$, für das natürliche Licht ist jedoch $P = 0$. Wenn in einer Richtung sich einige Lichtbündel mit den Intensitäten I_i und den Polarisationsgraden P_i ausbreiten, so läßt sich der Polarisationsgrad des resultierenden Lichtbündels P, wie leicht zu zeigen ist, durch die partiellen Polarisationsgrade P_i folgendermaßen ausdrücken:

$$P = \frac{\sum_i I_i P_i}{\sum_i I_i}.$$

Für die Charakterisierung des teilweise polarisierten Lichtes wird auch die Größe $\varrho = \frac{I_x}{I_y}$ verwendet, die Polarisationsverhältnis genannt wird. Offensichtlich gilt

$$P = \frac{1 - \varrho}{1 + \varrho}.$$

Man kann teilweise polarisiertes Licht kurz als Licht definieren, in dem der elektrische Vektor eine bevorzugte Orientierung in einer bestimmten Richtung besitzt. Das teilweise polarisierte Licht kann man immer (im äußersten Fall formal) als Gesamtheit von natürlichem und linear polarisiertem Licht darstellen.

Jetzt wollen wir uns mit folgender Frage beschäftigen: Was für eine Polarisation erhalten wir, wenn in einer Richtung sich zwei monochromatische, linear polarisierte Wellen mit gleicher Wellenlänge λ ausbreiten? Die Antwort ist nicht eindeutig, es können verschiedene Fälle auftreten, die wir jetzt untersuchen wollen.

Wenn der Azimut der Polarisation beider Wellen gleich ist, dann ist ersichtlich, daß, unabhängig von ihrer gegenseitigen Phasenlage, die resultierende Welle ebenfalls mit demselben Azimut linear polarisiert ist.

Jetzt betrachten wir den Fall, daß die Polarisationsrichtung dieser beiden Wellen senkrecht zueinander steht. Hier hängt das Resultat wesentlich vom Phasenunterschied der Wellen ab. Wenn die Wellen gleiche Amplituden haben und die Phasen zusammenfallen, dann ist, wie aus Abb. 4 leicht ersichtlich, die resultierende Welle linear

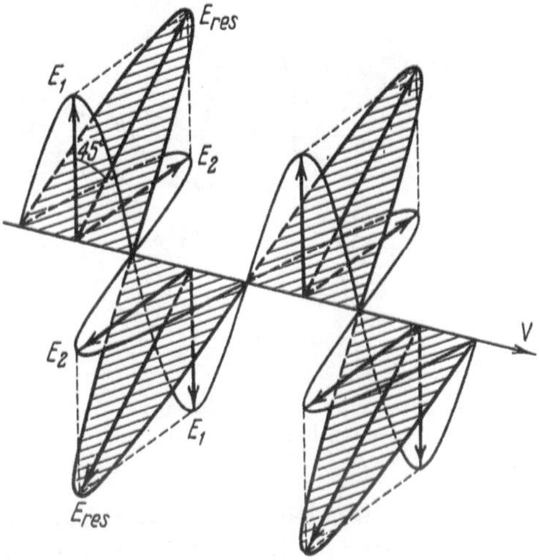

Abb. 4. Addition phasengleicher, zueinander senkrecht polarisierter Wellen

polarisiert mit dem Azimut +45°. Wenn aber der Phasenunterschied π beträgt (Gangunterschied von $\lambda/2$), so ist die resultierende Welle linear polarisiert mit dem Azimut −45°. Wie wir sehen, ergeben sich vorläufig keine prinzipiell neuen Typen der Polarisation.

Neues entsteht erst bei anderen Gangunterschieden. Die Phasendifferenz betrage $\pi/2$ (Gangunterschied $\lambda/4$). Abb. 5 zeigt, daß in diesem Falle die Spitze des elektrischen Vektors der resultierenden Welle auf der Oberfläche eines Kreiszylinders eine Rechtsschraube beschreibt. Folgt die erste Welle mit dem Phasenunterschied $\pi/2$

nicht der zweiten, sondern läuft ihr voraus, so beschreibt die Spitze des resultierenden elektrischen Vektors eine Linksschraube.

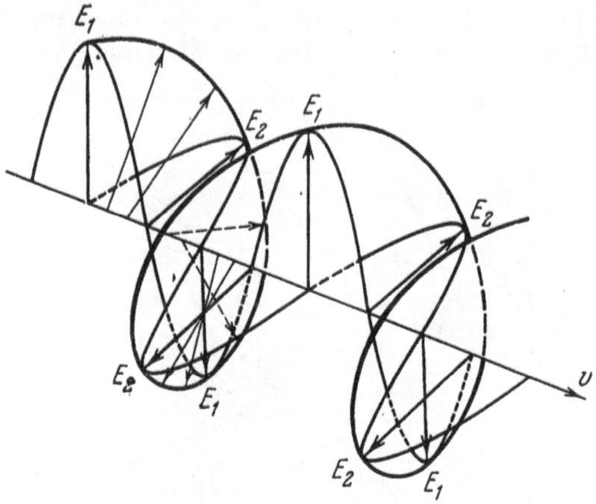

Abb. 5. Zirkulare Polarisation, die durch Addition zueinander senkrecht polarisierter Wellen mit einem Phasenunterschied $\pi/2$ entsteht

In beiden Fällen bezeichnet man das Licht als kreis- oder zirkular polarisiert, im ersten Fall rechtszirkular (im Uhrzeigersinn für den Beobachter, der dem auftreffenden Strahl entgegen blickt), im zweiten Fall linkszirkular. Die projizierten Bilder sehen sehr einfach aus (Abb. 6).

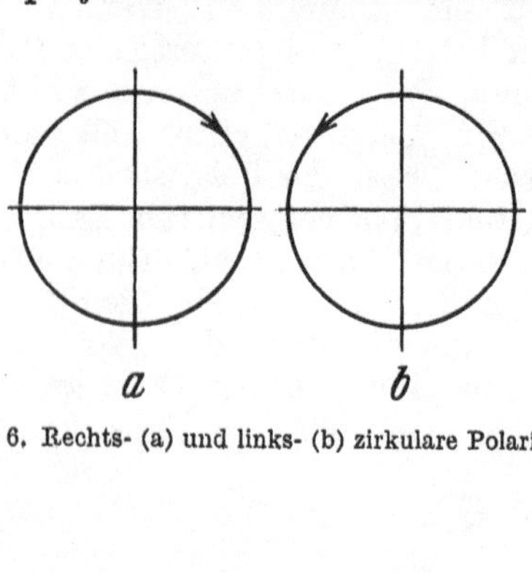

Abb. 6. Rechts- (a) und links- (b) zirkulare Polarisation

Die Ausbreitung des zirkular polarisierten Lichtes in Richtung von $\boldsymbol{v}$ ist nicht als eine Drehung der Schraubenfläche um die Achse $\boldsymbol{v}$ zu betrachten, sondern als Bewegung der ganzen Schraubenfläche ohne Drehung entlang der Achse $\boldsymbol{v}$ mit Lichtgeschwindigkeit.

Wir erhielten Licht, das zirkular polarisiert war, als Resultat der Überlagerung zweier linear polarisierter Strahlen. Deshalb kann der Eindruck entstehen, daß linear polarisiertes Licht seiner Natur nach elementar ist und zirkular polarisiertes schon eine zusammengesetzte Form ist, die man in elementare Bestandteile zerlegen kann. Aber das ist falsch. Zirkular polarisiertes Licht ist ebenso elementar wie linear polarisiertes. Letzteres kann man mit genau demselben Erfolg in zwei Bestandteile zerlegen — rechts- und linkszirkulares, wovon man sich leicht anhand von Abb. 7 überzeugen kann. So erweisen

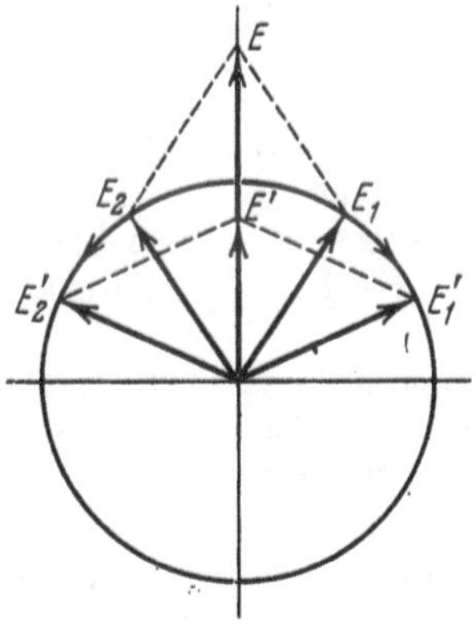

Abb. 7. Zerlegung von linear polarisiertem Licht $\boldsymbol{E}$ in zwei Komponenten mit rechter ($\boldsymbol{E}_1$) und linker ($\boldsymbol{E}_2$) zirkularer Polarisation

sich diese beiden Formen des polarisierten Lichtes in gleichem Maße ihrer Natur nach als elementar (wenigstens vom klassischen Standpunkt aus).

Kehren wir zurück zur Betrachtung verschiedener

Fälle von resultierenden Wellen. Im allgemeinen Fall wird die Spitze des resultierenden elektrischen Feldvektors bei willkürlicher Phasenverschiebung eine elliptische Schraubenlinie beschreiben, und das projizierte Bild wird zu einer Ellipse (Abb. 8). Die Elliptizität (das Ver-

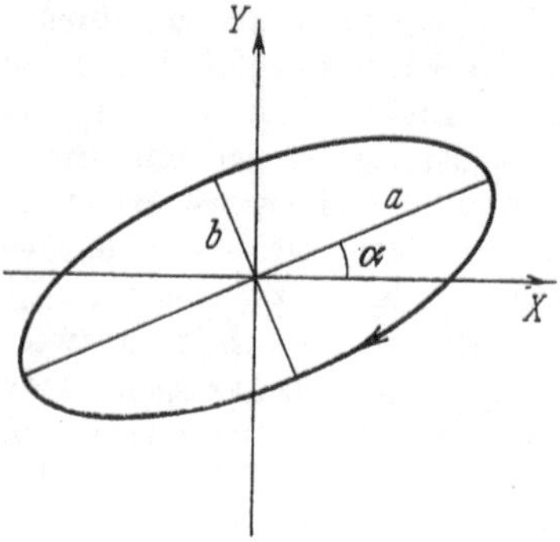

Abb. 8. Projektionsbild für elliptisch polarisiertes Licht

hältnis der Halbachsen b/a) und die Orientierung der Ellipse (Winkel α) hängen von der Phasenverschiebung ab.

Eine solche Polarisation von Lichtwellen heißt elliptische Polarisation. Sie kann ebenfalls links- oder rechtsläufig sein.

Man kann sich auch vorstellen, daß man elliptische Polarisation durch Addition von Wellen mit einem Phasenunterschied von $\pi/2$ erreichen kann, wenn diese unterschiedliche Amplituden besitzen. Dabei fällt die Richtung der großen Halbachse der Ellipse mit der Polarisationsrichtung der Welle mit der größeren Amplitude zusammen.

Lineare, kreisförmige und elliptische Polarisation sind die drei Grundarten der Lichtpolarisation. Dabei schließt die elliptische die beiden anderen als Spezialfälle ein: Bei einer Elliptizität von Null ergibt sich die lineare, bei einer Elliptizität von Eins die kreisförmige Polarisation.

In vielen Büchern wird statt „linear polarisiertes Licht" die Bezeichnung „eben polarisiertes Licht" verwendet. Hierbei entstand in der Vergangenheit eine unterschiedliche Deutung dieses Begriffes. Unter der Polarisationsebene verstehen die einen Autoren die Ebene, die die Strahlrichtung und die Richtung des elektrischen Vektors enthält, die anderen dagegen die dazu senkrechte Ebene. Die unterschiedliche Auslegung des Begriffes führt aber noch weiter. Stellen wir uns zwei Lichtstrahlen vor, die sich in einer vertikalen Ebene, jedoch in verschiedenen Richtungen ausbreiten, der eine vertikal, der andere horizontal. Beide Strahlen seien so linear polarisiert, daß ihre elektrischen Vektoren in der vertikalen Ebene liegen. Vom Standpunkt der ersten Auslegung der „Polarisationsebene" sind beide Strahlen gleich „eben polarisiert". Die Unzulänglichkeit dieses Begriffes wird hier offensichtlich, weil die Richtung der elektrischen Vektoren beider Strahlen unterschiedlich ist. Es ist ebenfalls möglich, Strahlen auszuwählen, die zwar unterschiedliche Polarisationsebenen, aber die gleiche Schwingungsrichtung des elektrischen Vektors besitzen.

Die Begriffe „linear polarisiertes Licht" und „Schwingungsrichtung des elektrischen Vektors" sind völlig eindeutig, exakt und auch anschaulich und leicht einzuprägen. Sie verursachen keine zusätzlichen, künstlich hervorgerufenen Komplikationen bei der räumlichen Darstellung, die ohnehin bei der Beschreibung der Lichtpolarisation schwierig genug ist.

Die aufgeführten Definitionen verschiedener Polarisationsarten sind nur bei monochromatischem Licht streng anwendbar. Aber wie wirkt sich Nichtmonochromatismus auf die Polarisation aus? Die lineare Polarisierung muß, theoretisch betrachtet, erhalten bleiben. Aber in der Praxis gibt es immer eine Abweichung davon. Wir werden später sehen, daß alle experimentellen Verfahren zur Herstellung polarisierten Lichtes von der Wellenlänge abhängen. Je breiter das Spektrum eines Lichtstrahls ist, desto größer wird die

Abweichung von der strengen linearen Polarisierung sein. Ein zirkular polarisierter Strahl mit einer endlichen Breite des Spektrums, wie er leicht herzustellen ist, wird immer einen Anteil elliptisch polarisierten Lichtes haben. Das Projektionsbild des elliptischen Lichtes wird seinerseits eine Ellipse sein, die sich zeitlich verändert (von Zyklus zu Zyklus). Diese Veränderung, diese Abweichungen vom „reinen Typ" werden immer um so stärker, je breiter das Spektrum des Lichtbündels ist.

Wir bemerken schließlich, daß es ebenso, wie es teilweise linear polarisiertes Licht gibt, auch teilweise zirkular oder elliptisch polarisiertes Licht geben kann. Solche Lichtbündel kann man jeweils als Summe aus einem natürlichen Bündel und einem, das vollständig zirkular oder elliptisch polarisiert ist, darstellen.

Für vollständig polarisierte Lichtstrahlen (linear, zirkular und elliptisch) existiert eine einfache und anschauliche Darstellungsmethode, die alle möglichen Polarisationsarten umfaßt. Das ist die Methode der Poincaré-Kugel, die von dem berühmten französischen Mathematiker Henri Poincaré schon Ende des vorigen Jahrhunderts vorgeschlagen wurde, die jedoch auch heute noch leider nicht genügend bekannt ist. Diese Methode ist ihrem Wesen nach sehr einfach. Jeder Punkt auf der Kugel entspricht eindeutig einer bestimmten Polarisierung des Lichtes. Aus Abb. 9 wird die Bedeutung

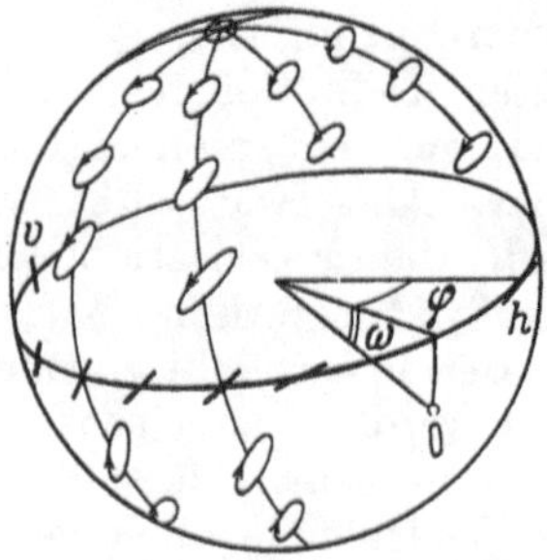

Abb. 9. Poincaré-Kugel

der verschiedenen Punkte der POINCARÉ-Kugel ersichtlich. Der obere Pol entspricht linkszirkular polarisiertem Licht und der untere rechtszirkular polarisiertem. Die Punkte auf dem Äquator stellen die lineare Polarisation mit sich allmählich von Punkt zu Punkt änderndem Azimut dar. Der Punkt h auf dem Äquator, der einer horizontalen Polarisation entspricht, kann als Ausgangspunkt betrachtet werden. Der diametral gegenüberliegende Punkt v wird dann der vertikalen linearen Polarisation entsprechen. Alle übrigen Punkte der Kugel stellen verschiedene elliptische Polarisationen dar. Dabei verändert sich auf den Längenkreisen die Elliptizität, auf den Breitenkreisen die Orientierung der Ellipse. Wenn man sich auf einem ausgewählten Meridian vom oberen zum unteren Pol bewegt, dann durchläuft man auf der oberen Halbkugel nacheinander alle linksläufigen Ellipsen und dann auf dem Äquator den Punkt, in dem der Azimut der linearen Polarisation gleich dem Azimut der großen Halbachse aller vorangegangenen Ellipsen ist. Wenn wir auf dem gleichen Meridian auf der unteren Halbkugel weitergehen, dann erreichen wir nacheinander alle möglichen rechtsläufigen Ellipsen mit demselben Azimut der großen Halbachse, und schrittweise verringert sich die Elliptizität bis zum rechtszirkular polarisierten Licht auf dem unteren Pol. Analog dazu durchlaufen wir alle möglichen Orientierungen einer Ellipse mit ein und derselben Elliptizität und kehren zur ursprünglichen Orientierung zurück, wenn wir uns auf einem zum Äquator parallelen Kreis einmal um die Kugel bewegen. Man kann auf der POINCARÉ-Kugel gewöhnliche geographische Koordinaten einführen: die Länge φ $(-180° \leqq \varphi \leqq 180°)$ und die Breite ω $(-90° \leqq \omega \leqq 90°)$. Die Länge wird vom Punkt h positiv im Uhrzeigersinn gerechnet, wenn man von oben auf die Kugel schaut, die Breite positiv vom Äquator nach unten. Ein beliebiger Punkt O auf der Kugel entspricht damit vollständig elliptisch polarisiertem Licht, dessen Ellipse einen Azimut von $\alpha = \varphi/2$ und eine Elliptizität von $b/a = \tan|\omega/2|$

hat, wobei die Drehrichtung mit links bei $\omega < 0$ und mit rechts bei $\omega > 0$ bezeichnet wird. Es ist natürlich auch möglich, die Lage eines Punktes auf der Kugel mit kartesischen Koordinaten zu definieren.

Die POINCARÉ-Kugel ist nicht nur eine anschauliche graphische Darstellung, sondern auch ein Arbeitshilfsmittel, das es ermöglicht, ziemlich schnell und einfach komplizierte Aufgaben bezüglich der Änderung der Polarisation des Lichtes zu lösen, die beim Zusammenwirken von verschiedenen optischen Polarisierungsgeräten auftritt. Offensichtlich braucht man, um das notwendige Ergebnis zu bekommen, auf der Kugel nur einen Bogen zu durchlaufen, der die Punkte verbindet, die Ausgangs- und Endpolarisation bestimmen (oder man dreht die Kugel entsprechend). Das ganze Problem konzentriert sich darauf, wie man diesen Bogen konstruiert oder die Kugel dreht. Einige Beispiele für die Anwendung der POINCARÉ-Kugel bei der Lösung ähnlicher Aufgaben werden in Kapitel V gegeben.

Wir haben uns mit den Grundarten der Lichtpolarisierung und ihrer formalen Beschreibung vertraut gemacht. Lange schon ergab sich folgende Frage: Wie kann man im Experiment diese verschiedenen Polarisationsarten des Lichtes nun tatsächlich erzeugen und untersuchen?

Die Methoden, mit denen man experimentell polarisiertes Licht bekommen kann, und jene interessanten physikalischen Prozesse, auf denen diese Methoden basieren, werden in den beiden folgenden Kapiteln behandelt.

KAPITEL IV

Die unmittelbare Erzeugung von polarisiertem Licht

1. Polarisierte Lumineszenz

Bevor wir auf die Versuchsapparaturen, die gewöhnliches Licht in polarisiertes und die verschiedenen Polarisationstypen ineinander umwandeln, zu sprechen kommen, betrachten wir jene verhältnismäßig seltenen Fälle, in denen Quellen (natürliche oder künstliche) kein gewöhnliches, sondern in irgendeiner Form polarisiertes Licht ausstrahlen.

Die Lichtausstrahlung einer Lichtquelle setzt sich zusammen aus Elementarstrahlungen einzelner Züge elektromagnetischer Wellen aus den Atomen oder Molekülen, aus denen diese Lichtquelle besteht. Deshalb muß man mit diesen Elementarprozessen der Strahlung beginnen.

Am Ende des 19. und Anfang des 20. Jahrhunderts folgte nach der Begründung der MAXWELLschen Theorie des elektromagnetischen Feldes die erfolgreiche Erarbeitung der Fragen der Wechselwirkung dieses Feldes mit der Materie. Dieses Gebiet der Physik erhielt die Bezeichnung Elektronentheorie der Strahlung.

Einige der wichtigsten Fragen dieser Theorie sind die Mechanismen der Absorption und Emission des Lichtes. Zur Erklärung dieser Prozesse wurde das einfachste klassische Modell eines Elementarstrahlers, der elektrische lineare Dipoloszillator, vorgeschlagen. Im einfachsten Fall setzt sich der Oszillator aus zwei Körpern zusammen, zwischen denen eine Kraft wirkt, die bei der Verschiebung eines der beiden entsteht und gegen diese Verschiebung gerichtet ist. (In Analogie zur Elastizitätskraft nennt man diese Kraft quasielastisch.) Wenn diese Körper Ladungen mit verschiedenen Vorzeichen tragen (ein solches System nennt man Dipol), dann werden bei dessen Schwingungen elektromagnetische Wellen in den umgebenden Raum abgestrahlt, deren Schwingungsfrequenz gleich der Schwingungsfrequenz des Systems ist. Mit Hilfe der MAXWELLschen Gleichungen kann man die Charakteristika dieser Wellen berechnen. Es zeigt sich, daß Wellen, die in beliebiger Richtung von einem linearen harmonischen Oszillator ausgestrahlt werden, in Abständen vom Dipol, die die Größe des Dipols selbst bedeutend überschreiten (in der sog. Wellenzone), völlig linear polarisiert sind. Die Schwingungsrichtung des elektrischen Vektors wird dabei durch folgende Regel bestimmt: seine Richtung wird durch die Tangente des Meridians der Kugel mit dem Dipol im Zentrum und die Polarachse, die mit der Schwingungsrichtung $\boldsymbol{D}$ des Dipols zusammenfällt,

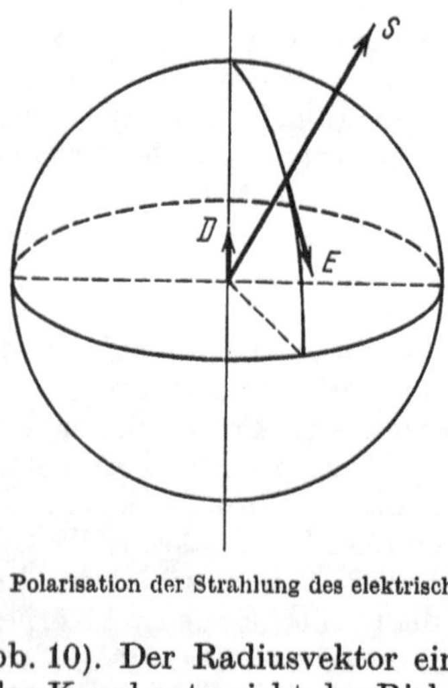

Abb. 10. Polarisation der Strahlung des elektrischen Dipols

bestimmt (Abb. 10). Der Radiusvektor eines gegebenen Punktes auf der Kugel entspricht der Richtung eines gegebenen Lichtstrahls $\boldsymbol{S}$.

Eine Gesamtheit von Dipolen, die in einer bestimmten Phasenbeziehung untereinander stehen, sind kompliziertere Strahler. Ein System von zwei Dipolen heißt „Quadrupol“, von vier Dipolen „Oktupol“ usw. Die Berechnung dieser Systeme ist komplizierter, aber sie führt auch zu dem Schluß, daß in der Wellenzone die ausgestrahlten elektromagnetischen Wellen ebenfalls völlig linear polarisiert sind.

Ein anderes wichtiges Modell eines Elementarstrahlers ist der elektrische Rotator. Er besteht aus einem festen positiven Ladungsträger und einem beweglichen negativen Ladungsträger (dem Elektron), der sich um den ersten auf einer ebenen Kreisbahn gleichförmig dreht. Für die Berechnung kann man ihn als Summe zweier linearer zueinander senkrechter Oszillatoren, deren Phasen sich um eine Viertelperiode unterscheiden, darstellen. Das Licht eines solchen Strahlers ist im allgemeinen elliptisch polarisiert, aber längs der Rotorachse zirkular.

Beide Modelle von Elementarstrahlern sind eng mit den klassischen Vorstellungen über den Atom- und Molekülaufbau verbunden. Nach diesen Vorstellungen sind die Atome und Moleküle Systeme mit positiven und negativen Ladungen, die relativ zueinander schwingen können (beim Atom entspricht das dem Kern und den Elektronen). Im Atom kann der Kern als fest angesehen werden, und man betrachtet nur die Schwingungen der Elektronen. Das hängt damit zusammen, daß der Kern wesentlich schwerer als die Elektronen ist. Für den Wasserstoff beträgt das Verhältnis ihrer Massen ungefähr 1800. In anderen Fällen ist es noch größer.

Die Vorstellung elementarer Emissions-Oszillatoren erwies sich als sehr günstig. Dadurch gelang es, die experimentell festgestellten Erscheinungen der Polarisation des Lichtes zu verstehen, das nicht nur von Atomen und einfachsten zweiatomigen Molekülen ausgestrahlt wird, sondern auch von Systemen, die aus sehr komplizierten, mehratomigen Molekülen (z. B. organischen Verbindungen) bestehen. Dabei ist die Elektronennatur der Oszillatoren noch nicht in allen Fällen bis ins letzte verstanden. Manchmal lassen sich darüber nur vorläufige Hypothesen aufstellen. So gibt es in vielen lumineszierenden organischen Molekülen Ketten aufeinanderfolgender ein- und zweiwertiger Bindungen, die als konjugierte Bindungen bezeichnet werden und aus Elektronen bestehen, die nicht einzelnen Atomen, sondern dem Molekül als ganzem angehören. Viele experimentelle Fakten sprechen dafür, daß solche gerichteten Ketten teilweise freier Elektronen (sie heißen π-Elektronen) auch Oszillatoren der Emission und Absorption des Lichtes in Molekülen bilden.

Somit ergibt sich die Polarisation des in einem Elementarvorgang ausgestrahlten Lichtes unmittelbar aus der klassischen Strahlungstheorie.

Andererseits ist allgemein bekannt, daß die Natur des Lichtes dualistisch ist. Die klassische elektromagnetische Wellentheorie ist nicht in der Lage, alle optischen Erscheinungen zu erklären. Die andere Seite der Natur des Lichtes ist der Quantencharakter. Die Teilchennatur tritt am stärksten gerade in den Fragen der Wechselwirkung zwischen Licht und Materie in Erscheinung, besonders in den Fragen der Absorption und Emission des Lichtes, von denen die Rede ist.

Der Ausgangspunkt der Quantentheorie besteht darin, daß die Elektronen eine Anzahl genau bestimmter diskreter Energieniveaus haben können, die für das gegebene Atom charakteristisch sind. Folglich können sie auch nur Energie in bestimmten Portionen aufnehmen oder abgeben. Die Prozesse der Absorption und Emission des Lichtes selbst laufen nach dem folgendem stark vereinfachten Schema ab.

Ein Atom strahlt im stationären Zustand kein Licht ab. Bei der Absorption einer bestimmten diskreten Energieportion (eines Lichtquants) geht das Atom in irgendeinen bestimmten angeregten Energiezustand über, in dem es sehr kurze Zeit verbleibt (in der Regel etwa eine milliardstel Sekunde). Danach kehrt das Atom in den ursprünglichen stationären Zustand zurück, wobei es eine diskrete Energiemenge — ein Lichtquant — aussendet.

Die Übergänge, als deren Ergebnis Lichtquanten ausgestrahlt werden, die dem sichtbaren und dem nahen ultravioletten Bereich des Spektrums entsprechen, finden in der Regel zwischen den Energieniveaus der Elektronen statt, die sich im Atom oder Molekül auf bestimmten Bahnen um die Atomkerne bewegen. Die diskreten Zahlenangaben für die Elektronenniveaus heißen Quantenzahlen; ihre physikalische Bedeutung besteht darin, daß sie die grundlegenden Energieparameter der Elektronen im Atom bestimmen: Abmessungen der Bahnen, Drehimpulse usw.

Die Hauptquantenzahl n bestimmt die Abmessungen der Elektronenbahn, auf der sich das Elektron bewegt (und folglich seine Energie). Diese Zahl kann die Werte $n = 1,2,3\ldots$ usw. annehmen ($n = 1$ entspricht der kernnächsten Bahn, $n = 2$ der zweiten usw.).

Die Quantenzahl l bestimmt den Bahndrehimpuls des Elektrons und damit die Form der Bahn. Sie kann die Werte $l = 0,1,2\ldots (n-1)$ annehmen, d. h. sie kann nicht gleich oder größer als n sein.

Die Spinquantenzahl S ist mit dem eigenen mechanischen Drehimpuls des Elektrons (Spin) verbunden, den man der Anschaulichkeit halber gewöhnlich als Drehimpuls um irgendeine eigene Achse darstellen kann. Sie (S) bestimmt die Orientierung des Spins zum Bahnimpuls und kann nur zwei Werte annehmen $S = \pm\frac{1}{2}$. Das beruht darauf, daß der Spin eines Elektrons selbst in den üblichen quantenmechanischen Einheiten gleich $\frac{1}{2}$ ist.

Statt S kann man die Quantenzahl J einführen, die den Gesamtdrehimpuls des Elektrons charakterisiert, sie kann offensichtlich die Werte $J = l \pm \frac{1}{2}$ annehmen.

Die Magnetquantenzahl m bestimmt das Verhalten des Elektrons im Atom, das sich in einem äußeren Magnetfeld befindet. Dabei sind nicht beliebige, sondern nur bestimmte Orientierungen des Bahn- (sowie des Gesamt-)

drehimpulses zum äußeren Feld möglich. m kann nur ganzzahlige Werte von $+l$ bis $-l$ (m_J entsprechend von $+J$ bis $-J$) annehmen.

Übergänge mit Absorption oder Emission von Lichtquanten sind nicht zwischen beliebigen Niveaus möglich, sondern unterliegen genauen Regeln, den Auswahlregeln. Diese Regeln kann man mit Hilfe der Quantenzahlen formulieren. Die Quantenzahl n unterliegt keiner Begrenzung, ihre Änderung Δn kann beliebig sein. Die Quantenzahl l kann sich bei Übergängen nur um Eins ändern, $\Delta l = \pm 1$. Die Quantenzahl m kann sich ebenfalls um 1 ändern, oder sie kann unverändert bleiben: $\Delta m = 0$ oder ± 1.

Die Quantentheorie der Polarisation der Lichtstrahlen begründet sich auf die Analyse der räumlichen Anisotropie der Übergangswahrscheinlichkeiten zwischen den Niveaus, die durch die Auswahlregeln erlaubt sind.

Grundlegende Ergebnisse dieser Theorie führen zu folgendem.

Beim Übergang mit $\Delta m = 0$ wird linear polarisiertes Licht absorbiert oder emittiert (man nennt das die π-Komponente). Den Übergängen mit $\Delta m = \pm 1$ entspricht die Absorption oder Emission von rechts- oder linkszirkular polarisiertem Licht (die sog. σ-Komponenten). Die gleiche Regel gilt auch für die Quantenzahl m_J.

Es ist sehr wesentlich, daß auch bei fehlendem äußeren Magnetfeld die Strahlung dieselbe Polarisation aufweist, die sie hätte, wenn sich das emittierende System in einem äußeren Feld befände, das die Symmetrie des Systems nicht verändert.

Sowohl vom klassischen als auch vom quantenmechanischen Standpunkt aus ist das Licht, das durch einen Elementarprozeß ausgestrahlt wird, immer polarisiert. Auf den ersten Blick befindet sich diese Aussage im Widerspruch mit der Tatsache, daß praktisch alle natürlichen Lichtquellen unpolarisiertes Licht aussenden, das deshalb auch die Bezeichnung „natürlich" erhielt. Das scheint nur auf den ersten Blick so. In Wirklichkeit besteht hier kein Widerspruch.

Eine makroskopische Lichtquelle stellt in der Regel eine ungeordnete Gesamtheit elementarer Strahler dar, die keine Ausrichtung und Orientierung besitzen. Deshalb wird in den einzelnen Elementarprozessen Licht mit verschiedener Polarisation ausgesandt (z. B. mit allen möglichen Azimutwinkeln linearer Polarisation). Folglich erhalten wir insgesamt unpolarisiertes Licht.

Hieraus ist verständlich, welche Eigenschaften die Quellen besitzen müssen, damit sie insgesamt polarisiertes Licht aussenden. Solche Quellen müssen entweder eine eigene Gesetzmäßigkeit, eine Ordnung des Baus, eine bestimmte Orientierung (eine vollständige oder auch teilweise) der elementaren Strahler besitzen, oder diese Ordnung muß in ihnen durch irgendeinen äußeren Einfluß hervorgerufen werden. Der Strukturaufbau eines Systems führt immer zum Unterschied seiner Eigenschaften in den verschiedenen Richtungen, zur sog. Anisotropie. Zum Beispiel führt die faserförmige Struktur des Holzes zur Anisotropie der Festigkeit von Holz, wovon man sich leicht überzeugen kann, wenn man es in Quer- oder Längsrichtung spaltet.

Den Unterschied der optischen Eigenschaften in verschiedenen Richtungen nennt man optische Anisotropie.

Verwendet man diesen Begriff, kann man sagen, daß eine Lichtquelle entweder eine eigene oder eine aufgeprägte Anisotropie haben muß, damit das von ihr ausgestrahlte Licht polarisiert ist.

Zu ersteren gehören vor allem Kristalle aller Kristallklassen außer den kubischen (letztere sind optisch isotrop) sowie natürliche und künstliche Folien und Fasern, die aus langen geordneten Makromolekülen bestehen.

Die künstliche Orientierung der Moleküle kann durch eine ganze Reihe von Einflüssen zustandekommen: durch den Einfluß eines elektrischen und magnetischen Feldes, durch die mechanische Verformung (z. B. die Streckung einer Folie), durch die Orientierung der Moleküle im Flüssigkeitsstrom und einige andere.

Sehr interessant ist der Fall der Erzeugung der künstlichen Anisotropie, die durch Licht hervorgerufen wird — durch polarisiertes und sogar natürliches.

Unten wird ausführlich über die polarisierte Lumineszenz gesprochen, die durch Medien mit eigener oder aufgeprägter Anisotropie ausgestrahlt wird.

Der typischste Fall sind anisotrope Kristalle. Nicht zufällig wurde nämlich bei ihnen schon vor mehr als 100 Jahren zum ersten Male die polarisierte Lumineszenz entdeckt. Die ersten Beobachtungsobjekte waren Kristalle der Zyanplatinsalze des Ca, Ba, Sr und Mg. Später wurde die polarisierte Lumineszenz bei vielen Mineralen entdeckt. Eines der bekanntesten, am meisten verbreiteten und weit in der Praxis verwendeten kristallumineszierenden Materialien — ZnS — sendet in Monokristallen mit hexagonaler Symmetrie teilweise polarisierte Lumineszenz aus. Dies ist auch an einer Reihe von anderen anisotropen Ionenkristallen beobachtet worden: an Kadmiumsulfid (hexagonales System), Natriumnitrit, aktiviertem Thallium (tetragonales System) und vielen anderen.

Sehr viele lumineszierende Stoffe gibt es unter den Molekülkristallen. Molekülkristalle heißen diejenigen Kristalle, bei denen die Wechselwirkungskräfte zwischen den Molekülen bedeutend kleiner als die Wechselwirkungskräfte zwischen den Atomen im Innern des Moleküls sind. Deshalb bewahren die Moleküle im Kristallgitter in hohem Maße ihre Individualität. Einige Moleküle sind optisch anisotrop — sie besitzen, wie schon erklärt wurde, Eigenoszillatoren, die absorbieren und emittieren können. In vielen Fällen kann man diese Oszillatoren als linear betrachten, und folglich sind die Moleküle völlig anisotrop.

Andererseits besitzen alle Moleküle im Kristallgitter eine bestimmte Orientierung. Wenn die Orientierung aller Moleküle im Kristall genau dieselbe wäre, so wäre offensichtlich die vom Kristall ausgesandte Lumineszenz vollständig linear polarisiert. In realen Molekülkristallen gibt es immer mehrere Orientierungsmöglichkeiten. Diese Tatsache ergibt sich aus dem allgemeingültigen kristallografischen „Gesetz der dichten Packung“, das festlegt, daß sich die Moleküle im Kristallgitter immer so anordnen, daß zwischen ihnen so wenig „freier Platz" wie nur möglich bleibt. Bei sehr vielen organischen Kristallen gibt es zwei Orientierungsmöglichkeiten der Moleküle. Seltener trifft man drei oder vier an.

Abb. 11 zeigt die Gestalt der Elementarzelle eines in diesem Zusammenhang typischen Stoffes — des Anthrazens, sowie die Strukturformel seines Moleküls, die Lage

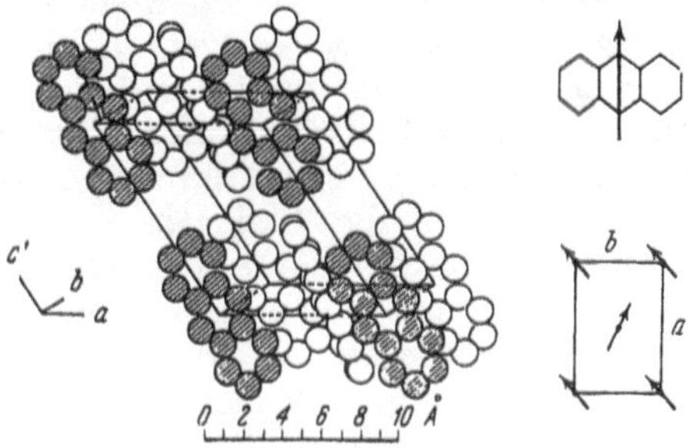

Abb. 11. Elementarzelle eines Molekülkristalls aus Anthrazen

der Emissionsoszillatoren und ein Modell der Oszillatoren der Zelle. Da die Emission durch verschiedene Moleküle nicht kohärent, unkoordiniert und ohne gesetzmäßigen Phasenzusammenhang vonstatten geht, ist offensichtlich die ausgesandte Lumineszenz teilweise linear polarisiert. Wenn aber zwischen den Oszillatoren ein Phasenzusammenhang existiert, so kann man elliptisch oder zirkular polarisierte Lumineszenz erwarten. Das Experiment ergibt, daß fast immer der erste Fall auftritt.

Die elliptische Polarisation der Lumineszenz stellt eine seltene Erscheinung dar. Sie ist bei nur wenigen Stoffen festgestellt worden. Offensichtlich besitzen diese Stoffe nicht zufällig ein hochgradiges Vermögen, die Polarisationsebene zu drehen (diese Erscheinung wird im Kapitel V behandelt.)

In den übrigen Fällen beobachtet man bei Molekülkristallen eine teilweise lineare Polarisation. Der Polarisationsgrad wird durch die spezifische Struktur des Kristalls bestimmt, und deswegen kann die Anregung völlig isotrop sein. So kann man z. B. einen Kristall mit natürlichem Licht (in der Regel im ultravioletten Spektralbereich) anregen und polarisierte Lumineszenz in Richtung der Anregung beobachten. Natürlich bezieht sich alles Gesagte nur auf Monokristalle; im polykristallinen Pulver führt die zufällige Orientierung der einzelnen kleinen Kristalle zu einer allgemeinen Isotropie.

Der Polarisationsgrad der Lumineszenz eines Monokristalls hängt von der gegenseitigen Orientierung der Moleküle ab und ist für unterschiedliche Beobachtungsrichtungen verschieden. Genauer kann man das so formulieren: Der Polarisationsgrad wird durch den Winkel zwischen den Projektionen der Oszillatoren verschiedener Orientierung zur Ebene, die senkrecht zur Beobachtungsrichtung steht, bestimmt. Wenn dieser Winkel klein ist, so strebt der Polarisationsgrad gegen 100%, die Polarisation ist nahezu linear. Bei geringer Abweichung vom rechten Winkel liegt der Polarisationsgrad nahe bei Null, und das Licht ist fast natürlich.

Der Polarisationsgrad läßt sich mit Hilfe verschiedener Geräte, Polarimeter, messen. Darüber wird im Kapitel VIII gesprochen.

Da die Ursache der Lumineszenzpolarisation der angegebenen Kristalltypen in ihrer eigenen Anisotropie liegt, so äußert sich diese Eigenschaft im gleichen Grade sowohl bei Anregung mit natürlichem Licht als auch bei anderen, isotropen Arten der Anregung. Zum Beispiel hat die Lumineszenz der Molekülkristalle bei korpuskularer Anregung (α-Teilchen, γ-Strahlen) den gleichen Polarisationsgrad wie bei Photoanregung.

Anders ist es bei kubischen Kristallen. Sie sind optisch isotrop, deshalb ist ihre Lumineszenz bei isotroper Anregung nicht polarisiert. Jedoch kann bei polarisierter Anregung auch ihre Lumineszenz polarisiert werden. Darauf wird später eingegangen, wenn wir zur Betrachtung der polarisierten Lumineszenz isotroper Medien übergehen.

Außer Kristallen zeigen auch anisotrope Folien und

Fasern spontane (d. h. eigene) Polarisation der Lumineszenz.

Die einfachste Methode zur Bildung eines künstlich anisotropen Mediums ist die mechanische Dehnung von Folien (Zellophan, Polystyrol und anderen Polymeren), die mit anisotropen lumineszierenden Molekülen gefärbt sind, z. B. mit stark lumineszierenden Farbstoffen oder aromatischen Verbindungen. Dabei orientieren sich die Moleküle mit ihren Längsachsen entlang der Dehnungsrichtung. Es tritt hierbei eine teilweise Orientierung auf, die vollständige zu erreichen ist praktisch unmöglich. Allerdings kann man eine hinreichend hohe Anisotropie herstellen. Im Gegensatz zu Molekülkristallen, bei denen alle Moleküle orientiert sind, obwohl nicht alle in der gleichen Weise, sind in einer solchen Folie durchaus nicht alle Moleküle orientiert. Die Zahl der Moleküle, deren Längsachse einen bestimmten Winkel mit der Dehnungsachse bildet, ist um so größer, je kleiner dieser Winkel ist. Außerdem hängt sie natürlich vom Dehnungsgrad ab.

Man kann sich die Gesamtheit der Moleküle etwa aus zwei Teilen bestehend vorstellen, einem völlig orientierten und einen völlig chaotischen. Je größer der erste Teil, desto größer ist die Anisotropie der Folie. Wenn man Folien mit natürlichem Licht zur Lumineszenz anregt und die Lumineszenz in der gleichen Richtung beobachtet, dann wird ihre teilweise Polarisation in Erscheinung treten, die durch diese teilweise Orientierung der Moleküle bedingt ist.

In der Natur und in technologischen Prozessen findet man viele dünne Folien und Fasern dieses Typs — nämlich mit einer Anisotropie natürlichen oder künstlichen Ursprungs. Als Beispiele kann man die mit Fluorochrom gefärbten myelotropen Nervenfasern bezeichnen, die Kunstseidefasern, die gestreckten Fäden der Schafwolle, die eine Lumineszenz im ultravioletten Bereich aufweisen, den Kiel der Vogelfeder und viele andere.

Die künstliche Orientierung lumineszierender anisotroper Moleküle kann man auch mit Hilfe starker elektrischer und magnetischer Felder erzeugen.

Eine besondere Art der Orientierungen langgestreckter linearer Moleküle ist deren Ausrichtung in der Strömung einer Lösung. Diese Art der Orientierung ist ähnlich der Orientierung von Holzstämmen längs der Strömung eines Flusses zu einem zusammenhängenden Floß.

Ein bemerkenswerter Fall der orientierten Medien, die eine spontane Polarisation der Lumineszenz besitzen, sind die sog. Mesophasen oder flüssigen Kristalle. Dieser Zustand der Materie ist ein Übergang zwischen flüssigem und kristallinem Aggregatzustand. Es sind sehr viele organische Substanzen bekannt, die flüssige Kristalle bilden können. Im Aussehen und in vielen anderen Eigenschaften erinnern sie an eine Flüssigkeit, aber sie besitzen eine innere geregelte Struktur. Zwei grundlegende Strukturarten flüssiger Kristalle sind die nematische Struktur (die gestreckten Moleküle sind parallel zueinander angeordnet unter Beibehaltung nur der Struktur der näheren Umgebung ohne regelmäßige Längsverschiebung der Moleküle) und die smektische (die Moleküle bilden Schichten und stellen sich senkrecht zur Schichtebene ein). Solche Strukturen bilden sich auch in einigen kolloiden Lösungen, z. B. in wäßrigen Seifenlösungen aus.

Wenn man solche nematischen und smektischen Systeme mit fluoreszierenden Farbstoffen oder aromatischen Verbindungen färbt und mit natürlichem Licht anregt, dann ist die Fluoreszenz teilweise polarisiert.

Viele elementare biologische Substanzen (Chloroplastkörner, einzelne Bestandteile der Zelle, wie Ribosome, Mitochondrien und andere, Stäbchen und Zäpfchen der lichtempfindlichen Schicht der Netzhaut und vieles andere) sind geordnete Systeme mit einer bestimmten Struktur, die man Quasikristalle nennen kann. Deshalb können sowohl die Eigenlumineszenzen solcher Systeme als auch die Lumineszenz der sie färbenden Fluorochrome polarisiert sein. In der Regel ist es sehr schwer, diese Polarisation in so komplizierten und instabilen Systemen zu beobachten.

Es ist klar, daß in allen aufgezählten Fällen der orientierten Medien, von Kristallen bis zu biologischen Objekten, die Polarisation der Lumineszenz als empfindliche Untersuchungsmethode ihrer Struktur und des Ablaufes der in ihnen stattfindenden Prozesse dienen kann. Dieses wird in Kapitel VIII behandelt. Jetzt haben sie uns nur als Beispiele von Systemen interessiert, die polarisiertes Licht ausstrahlen.

Polarisierte Lumineszenz kann man auch in isotropen Medien beobachten, Lösungen, Dämpfen, kubischen Kristallen, wenn man sie anisotrop anregt. Der anregende Lichtstrahl ist im allgemeinen Fall infolge der Transversalität der Lichtwelle anisotrop. Seine Anisotropie ist maximal, wenn er linear polarisiert ist. Deshalb werden wir in erster Linie den Fall beobachten, wenn die Lumineszenz isotroper flüssiger Lösungen anisotroper Moleküle durch linear polarisiertes Licht angeregt wird (Abb. 12).

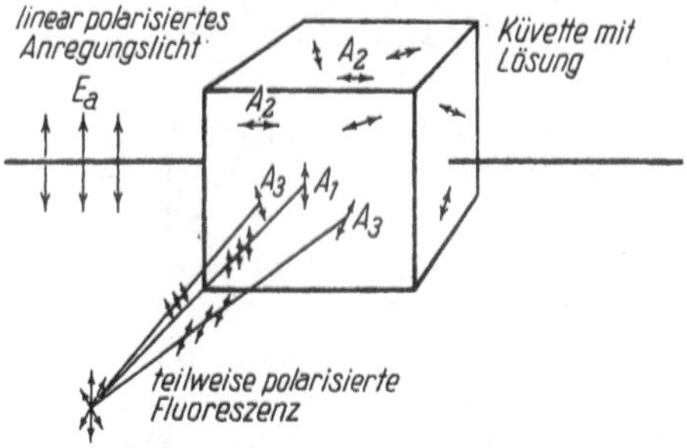

Abb. 12. Schema der Erzeugung teilweiser Fluoreszenzpolarisation einer Lösung bei Anregung durch polarisiertes Licht

Die Lösung eines Stoffes, bei dessen Molekülen die Ausstrahlungsoszillatoren linear sind, befindet sich in einer Glasküvette. Die Anregung vollzieht sich seitlich durch linear vertikal polarisiertes Licht. Die Lumineszenz wird in der Richtung senkrecht zur Anregung beobachtet. Durch vertikal polarisiertes Licht werden aus dem Chaos von Molekülen vorzugsweise diejenigen ausgewählt und angeregt (A_1), die so orientiert sind, daß ihr Absorptionsoszillator vertikal ist. Ist er horizontal (A_2), so werden die Moleküle nicht angeregt. Die Moleküle, die auf eine dazwischenliegende Art orientiert sind (A_3), besitzen auch eine mittlere Wahrscheinlichkeit, das Anregungslicht zu absorbieren. Dadurch werden die Moleküle mit einer bestimmten vorrangigen Orientierung angeregt sein, und wenn Emissionsoszillator und Absorptionsoszillator im Molekül gleichgerichtet sind, dann ist die Lumineszenz teilweise vertikal polarisiert. Jedoch unterliegen Moleküle in einer Lösung einer sie drehenden Wärmebewegung. Wenn innerhalb der Lebensdauer des angeregten Zustandes die Moleküle sich um einen größeren Winkel drehen können, dann ist klar, daß die bei der Anregung erlangte Anisotropie der Lösung im Moment der Ausstrahlung verlorengeht. Deshalb tritt die Polarisation der Fluoreszenz nur bei zähflüssigen Lösungen (in Glyzerin, Fetten) oder bei sehr niedrigen Temperaturen auf, wenn die Brownsche Wärmebewegung sehr klein ist.

Die Grenz- (Maximal-) Polarisation wird offensichtlich in jenem Idealfalle sein, wenn die Moleküle unbeweglich sind. Mit Hilfe einer einfachen Berechnung kann man zeigen, daß in diesem Fall $P = 50\%$ ist.

Wenn man im betrachteten Experiment die Anregung mit natürlichem Licht durchführt, dann ist leicht zu verstehen, daß die Fluoreszenz dennoch polarisiert bleibt, obwohl der Polarisationsgrad kleiner wird. Die Ursache davon ist, daß die angeregten Oszillatoren, die in der horizontalen Ebene senkrecht zur Richtung der Anregung liegen, infolge der Transversalität der Lichtschwingungen in der von uns gewählten Beobachtungsrichtung kein Licht aussenden können. Wenn nun bei der Anregung durch natürliches Licht Beobachtungen in der Richtung durchgeführt werden, die mit der Anregungsrichtung übereinstimmt, wird die Fluoreszenz in diesem Fall natürlich nicht polarisiert sein.

Die Versuche, die Lumineszenzpolarisation komplizierter Moleküle in Dämpfen festzustellen, blieb bis jetzt erfolglos. Dafür ist in Dämpfen seit langem die Fluoreszenzpolarisation zweiatomiger Moleküle festgestellt und untersucht worden, sowie die Polarisation der Fluoreszenz und der Resonanzstrahlung der Atome. In zweiatomigen Molekülen sind die Strahlungsoszillatoren mit der Achse des Moleküls verbunden. Die Moleküle in Dämpfen drehen sich ununterbrochen, was offensichtlich zu einer Depolarisation des ausgestrahlten Lichtes führen muß. Dennoch tritt keine vollständige Depolarisation ein. Der Polarisationsgrad in Dämpfen darf nach der klassischen Theorie 15% nicht übersteigen. Im Versuch jedoch werden in einer Anzahl von Fällen auch größere Polarisationsgrade beobachtet. Das läßt sich nur mit Hilfe der Quantentheorie erklären.

Experimentell ist die Lumineszenz zweiatomiger Moleküle in Dämpfen verschiedener Stoffe (Natrium, Jod, Rubidium, Kalium, Quecksilber, Kadmium, Zink) festgestellt und untersucht worden.

Die Polarisation der Resonanzstrahlung von atomaren Dämpfen ist gleichfalls schon seit langem experimentell entdeckt und hinreichend untersucht. Die Resonanz-

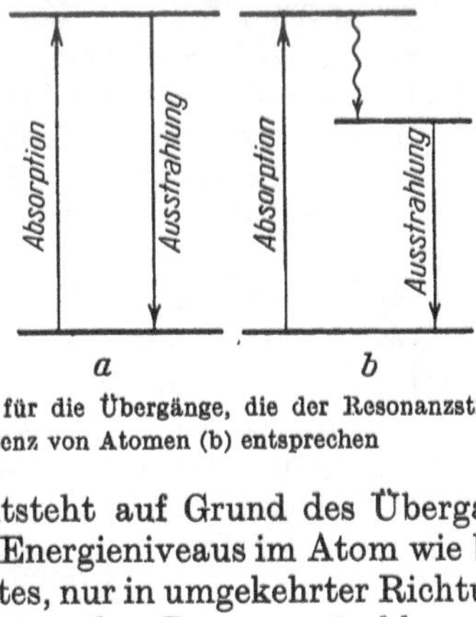

Abb. 13. Schema für die Übergänge, die der Resonanzstrahlung (a) und der Fluoreszenz von Atomen (b) entsprechen

strahlung entsteht auf Grund des Überganges zwischen den gleichen Energieniveaus im Atom wie bei der Absorption des Lichtes, nur in umgekehrter Richtung (Abb. 13a). Die Polarisation der Resonanzstrahlung läßt sich gut mit Hilfe klassischer Vorstellungen über Oszillatoren erklären. Die Untersuchung der Erscheinung wird dadurch erschwert, daß das Ergebnis sehr stark von einem äußeren Magnetfeld abhängt (der Grund hierfür wird später klar werden), sogar von einem sehr schwachen, z. B. dem Magnetfeld der Erde. Es übt nur dann keinen Einfluß aus, wenn seine Richtung mit der des elektrischen Feldstärkevektors des anregenden Lichtes übereinstimmt.

Fehlt ein Magnetfeld bei der Anregung mit linear polarisiertem Licht, dann muß die Resonanzstrahlung vollständig linear polarisiert sein, wenn man sie in der Richtung, die senkrecht zum anregenden elektrischen Feldstärkevektor steht, beobachtet, und nicht polarisiert, wenn man sie in Richtung des anregenden elektrischen Vektors betrachtet. Im letzteren Fall wird seine Intensität sehr klein.

Bei Anregung der Resonanzstrahlung durch zirkular polarisiertes Licht ist die in Anregungsrichtung zu beobachtende Strahlung ebenfalls zirkular mit derselben Drehrichtung polarisiert.

Eben diese von der Theorie vorausgesagten Gesetzmäßigkeiten werden auch im Experiment festgestellt.

Die atomare Fluoreszenz, bei der die Strahlung im Gegensatz zur Resonanzstrahlung von einem anderen Niveau ausgeht als dem, in das der Übergang bei der Absorption erfolgte (Abb. 13b), weist auch Polarisation auf. Jedoch sind ihre Gesetzmäßigkeiten recht kompliziert und können nur mit Hilfe der Quantentheorie vollständig beschrieben werden.

Ein weiteres Beispiel für isotrope Medien, die bei der Anregung durch polarisiertes Licht ihrerseits polarisierte Lumineszenz ausstrahlen, sind die kubischen Kristalle. Ihr symmetrischer Gitteraufbau führt dazu, daß sie optisch isotrop sind und keine Doppelbrechung aufweisen[1]. Jedoch unterscheiden sich ihre Isotropie wesentlich zum Beispiel von der Isotropie flüssiger Lösungen.

[1] Von dieser Erscheinung wird im Kapitel V die Rede sein.

Strahlungsoszillatoren bilden in kubischen Kristallen kein regellos gleichmäßiges makroskopisches System, sondern sind streng parallel zu den Symmetrieachsen des Kristalls orientiert. Doch gerade deswegen ist das Resultat bei isotroper Anregung das gleiche wie im Falle flüssiger Lösungen — die Lumineszenz ist unpolarisiert. Der Unterschied zu den Lösungen zeigt sich darin, daß bei linear polarisierter Anregungsstrahlung das Ergebnis von der Stellung des Kristalls zum elektrischen Vektor des anregenden Lichts abhängt. Aus Abb. 14 ist leicht zu

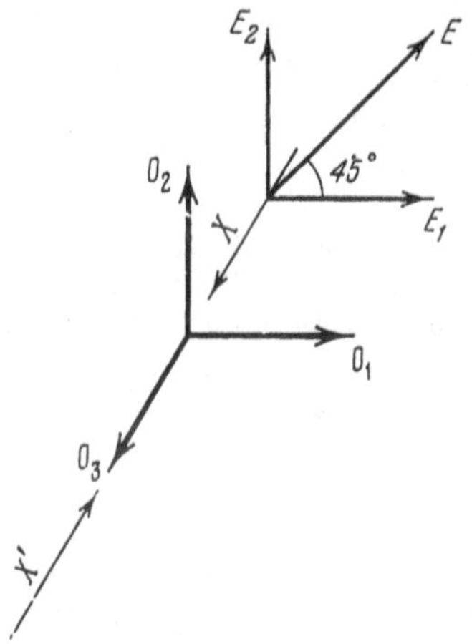

Abb. 14. Schema für die Abhängigkeit der Lumineszenzpolarisation eines kubischen Kristalls von der gegenseitigen Orientierung des Kristalls und des elektrischen Anregungsvektors
O_1, O_2, O_3 – Strahlungsoszillatoren, die längs der Achsen des kubischen Kristalls orientiert sind. X, X' – Ausbreitungsrichtungen der anregenden Strahlung beziehungsweise der Beobachtung der Lumineszenz

ersehen, daß bei einem Winkel von 45° zwischen $\boldsymbol{E}$ und den Oszillatoren O_1 und O_2 die Lumineszenzstrahlung nicht polarisiert ist.

Dafür wird, wenn der elektrische Feldstärkevektor $\boldsymbol{E}_2$ oder $\boldsymbol{E}_1$ mit einem der Strahlungsoszillatoren zusammenfällt, der Polarisationsgrad der Lumineszenzstrahlung maximal sein (+100% bzw. −100%). Das unterscheidet den gegebenen Fall grundlegend vom Fall der flüssigen Lösung.

Man kann sagen, daß kubische Kristalle über eine innere, verborgene Anisotropie verfügen, die mit polarisierter Anregungsstrahlung aufgezeigt werden kann.

Experimentell entdeckt und untersucht wurde die polarisierte Lumineszenzstrahlung vom beschriebenen Typ an Einkristallen der Fluoride CaF_2, LiF, NaF, CsI u. a. mit verschiedenen Aktivatoren.

2. Der Zeeman-Effekt

(Aufspaltung der Spektrallinien im Magnetfeld)

Die Beobachtung dieser nach dem Namen des Entdeckers benannten Erscheinung Ende des 19. Jahrhunderts war ein bedeutender Schritt in der Geschichte der Optik. Wie auch der FARADAY-Effekt (s. Kapitel V) zeigte sie den engen Zusammenhang zwischen optischen und magnetischen Erscheinungen. Für uns ist dieser Effekt jetzt von Interesse, weil er mit der Erzeugung polarisierten Lichtes verbunden ist.

Die Versuchsapparatur, mit der man die Erscheinung demonstrieren kann, ist in Abb. 15 schematisch dargestellt.

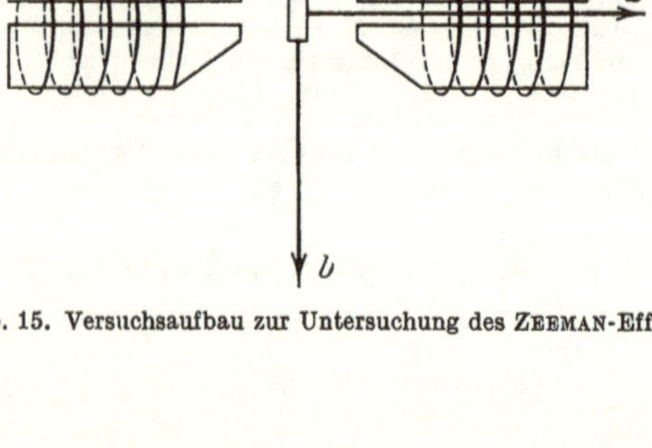

Abb. 15. Versuchsaufbau zur Untersuchung des ZEEMAN-Effektes

Die Lichtquelle S mit einem Linienspektrum befindet sich zwischen den Polen eines starken Elektromagneten. Das Spektrum kann parallel zum Magnetfeld beobachtet werden (a, longitudinaler Effekt) oder senkrecht dazu (b, transversaler Effekt). In beiden Richtungen werden Spektrum und Lichtpolarisation ohne und mit Magnetfeld untersucht.

Für einfache Einzelspektrallinien (z. B. gewisse Linien der Spektren von Wasserstoff, Zink und Kadmium) werden folgende Ergebnisse beobachtet (Abb. 16):

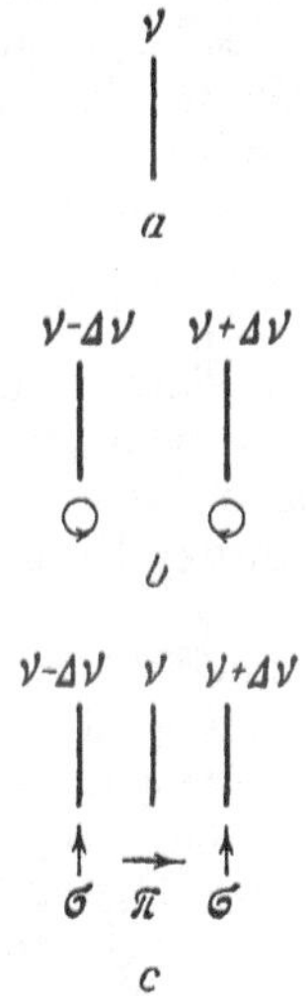

Abb. 16. ZEEMAN-Effekt
a – ohne Magnetfeld, b – im magnetischen Längsfeld,
c – im magnetischen Querfeld

Eine unpolarisierte Linie, die bei abgeschaltetem Magnetfeld die Frequenz ν hat, spaltet bei Anlegen des Feldes in Längsrichtung (Fall a) in zwei Linien mit den Frequenzen $\nu - \Delta\nu$ und $\nu + \Delta\nu$ auf, dabei ist die erste linksläufig, die zweite rechtsläufig zirkular polarisiert. Senkrecht zum Feld (Fall b) werden drei Linien mit den

Frequenzen $\nu - \Delta\nu, \nu$ und $\nu + \Delta\nu$ beobachtet. Die äußeren Linien sind linear senkrecht zum Feld $\boldsymbol{H}$ polarisiert, die mittlere Linie ist ebenfalls linear polarisiert, aber parallel zum Feld. Diese Linie mit der unveränderten Frequenz wird als π-Komponente bezeichnet, die beiden Linien mit veränderter Frequenz werden σ-Komponenten genannt. Der Betrag der Frequenzänderung ist proportional der Feldstärke H des Magnetfeldes. Die Intensität der π-Komponente ist doppelt so groß wie die der σ-Komponenten, die ihrerseits gleiche Intensität haben.

Die Erklärung dieser Erscheinung muß offensichtlich in der Wechselwirkung des Magnetfeldes mit den Elektronen, die das Licht ausstrahlen, gesucht werden. Die harmonische Schwingung eines Elektrons im Atom kann zur Einfachheit und Anschaulichkeit immer in beliebige Komponenten zerlegt werden, wenn nur deren Summe stets die ursprüngliche Schwingung ergibt. Wir können die Schwingung eines Elektrons in eine harmonische lineare Schwingung in Richtung des Magnetfeldes $\boldsymbol{H}$ und in zwei gleichförmige Kreisbewegungen (eine rechts- und eine linksläufige) in der Ebene senkrecht zu $\boldsymbol{H}$ zerlegen. Auf ein Elektron, das sich im Magnetfeld bewegt, wirkt von diesem Magnetfeld her eine Kraft, die als LORENTZ-Kraft bezeichnet wird (die gleiche Kraft liegt auch der Funktion der Elementarteilchen-Beschleuniger zugrunde). Die Richtung dieser Kraft wird mit der Linke-Hand-Regel bestimmt, ihr Betrag hängt ab von H und vom Winkel zwischen $\boldsymbol{H}$ und der Bewegungsrichtung der Ladung:

$$F_{\mathrm{LOR}} = evH \sin(\boldsymbol{v}, \boldsymbol{H}),$$

hierbei sind e die Ladung des Elektrons und $\boldsymbol{v}$ seine Geschwindigkeit. Deshalb ist der Einfluß des Feldes $\boldsymbol{H}$ auf die erste Komponente gleich Null ($\sin(\boldsymbol{v}, \boldsymbol{H}) = 0$), und der Einfluß des Feldes auf die Kreiskomponenten kommt in einer Kraft zum Ausdruck, die radial gerichtet ist, in einem Falle zum Zentrum hin, im anderen davon weg. Die Änderung der Radialkraft führt nun zu einer

Änderung der Umlauffrequenz. Wie eine einfache Rechnung mit den Mitteln der elementaren Mechanik zeigt, ist diese Frequenzänderung gleich

$$\Delta\nu = \pm\frac{1}{4\pi}\frac{e}{m}H$$

(m — Elektronenmasse), d. h., sie ist tatsächlich proportional H. Die Schwingung parallel zum Feld behält dagegen ihre ursprüngliche Frequenz ν. Dementsprechend besteht die Strahlung des Oszillators aus drei Frequenzen: ν (π-Komponente) und $\nu \pm \Delta\nu$ (σ-Komponenten). In der Richtung senkrecht zum Feld ist die π-Komponente linear in Feldrichtung polarisiert (entsprechend der Richtung, in der diese Komponente des Oszillators schwingt), und die σ-Komponenten sind linear senkrecht zum Feld polarisiert (entsprechend den Projektionen der Kreisschwingungen auf die zur Beobachtungsrichtung senkrechte Ebene). Bei Beobachtung parallel zum Feld wird die π-Komponente wegen der Transversalität der Lichtwellen nicht abgestrahlt, und die σ-Komponenten sind rechts- bzw. linksläufig zirkular polarisiert, entsprechend dem Modell des elektrischen Rotators.

So erklärt dieses klassische Modell vollständig die Eigenschaften des ZEEMAN-Effektes.

Ebenso umfassend kann die Erscheinung auch vom Standpunkt der Quantenmechanik erklärt werden. Im äußeren Magnetfeld erfolgt eine Aufspaltung der Niveaus, die den diskreten Einstellmöglichkeiten des Bahndrehimpulses zur Feldrichtung entspricht und die durch die Magnetquantenzahl m bestimmt wird. Die Strahlungsübergänge von den gebildeten Niveaus ergeben entsprechend den Auswahlregeln linear polarisiertes Licht bei $\Delta m = 0$ (π-Komponente) und (rechts- und links-) zirkular polarisiertes bei $\Delta m = \pm 1$ (σ-Komponenten).

Die beschriebene Erscheinung trägt die Bezeichnung normaler ZEEMAN-Effekt. Sie bezieht sich auf die einfachen Spektrallinien,

Linien, die eine komplizierte Struktur besitzen (Multipletts), ergeben im Magnetfeld eine komplizierte Aufspaltung in die π- und die σ-Komponente. Diese Aufspaltung heißt anomaler ZEEMAN-Effekt.

Eine gleichfalls sehr komplizierte Aufspaltung in die π- und die σ-Komponente beobachtet man für Spektrallinien im starken elektrischen Feld. Dieser Effekt heißt STARK-Effekt.

Die beiden letztgenannten Effekte können nicht auf der Grundlage klassischer Vorstellungen erklärt werden. Sie werden mit Hilfe der Quantenmechanik interpretiert.

3. Der Wawilow-Tscherenkow-Effekt

Diese prinzipiell neue Art der Lichtausstrahlung wurde von sowjetischen Physikern entdeckt und erforscht. Diese Strahlung begleitet in einigen Medien (z. B. Wasser) die Bewegung geladener Teilchen (z. B. Elektronen), deren Geschwindigkeit die Phasengeschwindigkeit des Lichtes in dem entsprechenden Medium übertrifft[1]. Ohne hier auf eine ausführliche Erläuterung der Eigenschaften dieser interessanten Erscheinung einzugehen, bemerken wir nur, daß sie für unser Thema von Interesse ist.

Die WAWILOW-TSCHERENKOW-Strahlung ist nur nach vorn (in Richtung der Bewegung der Teilchen) in Form eines Kegels gerichtet, dessen Achse mit der Bewegungs-

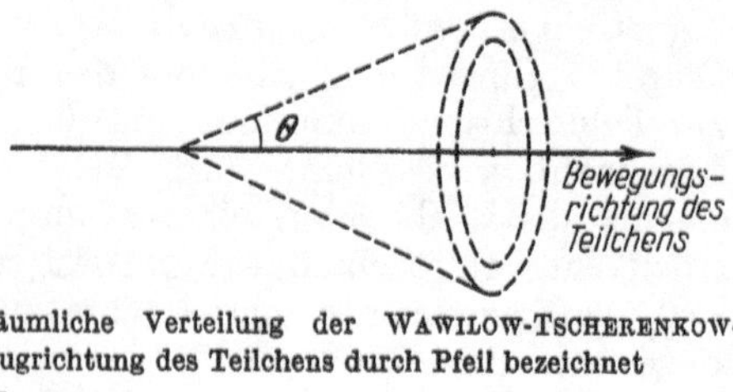

Abb. 17. Räumliche Verteilung der WAWILOW-TSCHERENKOW-Strahlung. Flugrichtung des Teilchens durch Pfeil bezeichnet

[1] Hier besteht kein Widerspruch zur Speziellen Relativitätstheorie, die behauptet, daß es keine Geschwindigkeit geben kann, die die Lichtgeschwindigkeit im Vakuum übersteigt.

richtung der Teilchen übereinstimmt (Abb. 17). Die Strahlung ist polarisiert. Der elektrische Vektor liegt in der Ebene, die die Geschwindigkeitsrichtung des Teilchens und die Strahlungsrichtung enthält (Abb. 18). Deshalb erscheint das Licht bei genau bestimmter Beobachtungsrichtung linear polarisiert. Bei integraler Beobachtung des gesamten Strahlungsstromes ist dieser nicht polarisiert. Man kann sagen, er besitzt in diesem Fall eine „verborgene" Polarisation.

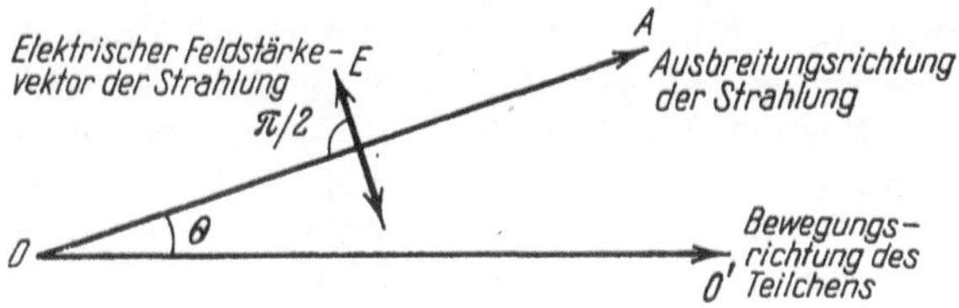

Abb. 18. Polarisation der WAWILOW-TSCHERENKOW-Strahlung
OO' – Flugrichtung des Teilchens, OA – Strahlungsrichtung, E – elektrischer Feldverstärkervektor

4. Die Polarisation der Laserstrahlung

In den letzten Jahren gab es viele Veröffentlichungen über den neuen Typ einer sehr intensiven Lichtquelle, die Laser genannt wird. Das von ihr ausgestrahlte Licht zeichnet sich nicht nur durch große Intensität aus, sondern auch durch einige wichtige physikalische Eigenschaften – strenge Parallelität, Kohärenz und andere. Kohärenz bedeutet die Übereinstimmung der Phasen verschiedener ausgestrahlter Lichtwellen in der Zeit. Nur solche Wellen können stabile Interferenzbilder erzeugen (s. Kap. VI).

Gewöhnliche Lichtquellen (sowohl natürliche als auch künstliche) strahlen inkohärentes Licht aus, weil die Elementarprozesse der Lichtemission in ihren einzelnen Atomen oder Molekülen überhaupt nicht miteinander übereinstimmen. Bei Lasern jedoch ist die Wirkungsweise direkt auf eine solche Übereinstimmung gegründet. In einem bestimmten Stoff (dem Arbeitskörper des Lasers) wird eine vorübergehende Anregung der Atome oder Moleküle erzeugt, indem sie in einen angeregten Zustand überführt werden. Dieser Prozeß heißt optisches Pumpen und wird gewöhnlich mit einer starken Lichtquelle (z. B. mit einer leistungsfähigen Impulslampe) realisiert, deren Licht vom Laserkörper absorbiert wird. Als Resultat dieses optischen Pumpens entsteht eine umgekehrte Besetzungsdichte der angeregten Niveaus, mit anderen Worten: Es befinden sich mehr Atome und Moleküle im angeregten als im Grundzustand. Wenn man auf ein solches System Lichtquanten mit genau der gleichen Energie (d. h. mit der Energiedifferenz zwischen angeregtem und Grundzustand) einwirken läßt, dann arbeitet dieses Licht als Stimulator und induziert Strahlungsübergänge bei einigen angeregten Atomen, die ihrerseits sofort wieder neue Strahlungsübergänge induzieren usw. Es entsteht eine Lawine von Quanten (d. h. ein starker Lichtausbruch), die praktisch synchron, mit der gleichen Phase, folglich also kohärent ausgesandt werden. Als anregendes Licht kann dabei die Eigenlumineszenz des Laserkörpers dienen.

Als Laserkörper kann man im Prinzip beliebige Stoffe (fest, flüssig, gasförmig) mit geeigneten Niveaus auswählen. Eine Vielzahl von technischen, technologischen und anderen Schwierigkeiten erschwert jedoch die Auswahl des Materials für Laser erheblich. Große Verbreitung fanden z. B. Laser mit Rubinkristallen oder Gaslaser mit Gemischen aus Helium und Neon.

Um den beschriebenen Prozeß zu verwirklichen, muß noch eine andere wichtige Bedingung erfüllt werden: Es ist notwendig, daß die Leistung der induzierten Strahlung die abgegebene Energie kompensiert, sowohl die Energie des Laserstrahls selbst als auch Verluste (Lichtabsorption der Einfassungen, in denen sich der Laser befindet usw.). Deshalb wird der Laserkörper in einem Resonator untergebracht. Hierfür eignen sich gut halbdurchlässige Spiegel, die die Stirnseiten des Laserkörpers begrenzen. Im Falle des Rubins werden manchmal die polierten Stirnflächen des zylindrischen Rubinkerns unmittelbar versilbert. Die Aufgabe des Resonators besteht kurz gesagt darin, daß er die vorher von den Molekülen abgestrahlte Energie ansammelt und durch Induzierung die Abstrahlung der Moleküle zu den folgenden Zeitpunkten steuert.

Infolgedessen verstärkt der Resonator vorzugsweise solche Strahlung, die von vornherein eine große Intensität aufweist. So wird der spektrale Bereich eingeengt, und der Laserstrahl ist mit großer Genauigkeit monochromatisch.

Es ist offensichtlich, daß etwas ähnliches auch bei der Strahlungspolarisation eine Rolle spielen muß. Diese Eigenschaft kann man als Anisotropie der optischen Verstärkung bezeichnen.

Die Strahlung der Gaslaser ist in der Regel nicht polarisiert. Das kommt daher, weil die ursprüngliche Eigenlumineszenz der ungeordneten Gesamtheit der Moleküle, die das Gas bilden, nicht polarisiert ist. Es wird keine Richtung bevorzugt, und es kann keine Anisotropie der optischen Verstärkung auftreten. Wenn man jedoch auf irgendeine Art und Weise eine Vorzugsrichtung schafft (z. B. durch Anlegen eines äußeren elektrischen Feldes), dann kann sich schnell durch diese Richtung die Anisotropie der optischen Verstärkung ausbilden, und die Strahlung wird polarisiert.

Die eine bevorzugte Komponente wird mehr verstärkt werden als die andere, dazu senkrechte, infolgedessen wird die Polarisation stärker und nähert sich dabei der vollständig linearen. Wird die künstlich herbeigeführte Ursache für die Anisotropie (das äußere Feld) beseitigt, dann ist die Strahlung wieder unpolarisiert, weil die Verstärkung keine bestimmte Komponente auswählen kann.

In einer Reihe von Arbeiten wird die Polarisationscharakteristik der Strahlung von Rubinlasern experimentell untersucht. Das Ergebnis hängt vor allem von der kristallographischen Orientierung des monokristallinen

Rubinkerns ab. Das genaueste und am häufigsten auftretende Ergebnis von Versuchen verschiedener Autoren erhält man für Kerne, deren geometrische Achse senkrecht zur optischen Achse liegt (der Rubin ist ein einachsiger Kristall). Dabei erwies sich in den meisten Fällen die Laserstrahlung als linear polarisiert, wobei der elektrische Feldstärkevektor senkrecht zur Hauptebene des Kristalls stand (das ist die Ebene, die durch die Richtung des Strahls und die optische Achse entsteht).

Einige Forscher bemerkten jedoch, daß der Laser diese Polarisation nur bei Arbeitsbeginn liefert, daß aber nach einer ziemlich großen Zahl von Impulsen eine schwache Strahlungskomponente erscheint, die in der Hauptebene polarisiert ist. Es ist auch möglich, daß das mit der Änderung der dünnen Silberschichten an den Stirnflächen des Rubinkerns während des Arbeitens zusammenhängt. Die gewöhnliche Fotolumineszenz des Rubin-Einkristalls ist bei der Wellenlänge der Laserstrahlung: $\lambda = 6943$ Å (die sog. Linie R_1) teilweise linear polarisiert (der Polarisationsgrad beträgt ca. 80%). Die bevorzugte Komponente steht ebenfalls senkrecht auf der Hauptebene. Das ist auch der hauptsächliche Grund für die lineare Polarisation der Laserstrahlung, die infolge der oben beschriebenen Anisotropie der optischen Verstärkung entsteht. Das ist eine ganz spezifische Methode der Gewinnung polarisierten Lichtes, die nur optischen Quantengeneratoren eigen ist.

Die ersten Daten, die man mit Rubinkernen erhielt, deren geometrische Achsen parallel zur optischen Achse liegen, haben gezeigt, daß in diesem Fall die Laserstrahlung nicht polarisiert war. Das stimmt damit überein, daß auch bei gewöhnlicher Fotolumineszenz in der R_1-Linie durch Beobachtung in Richtung der optischen Achse ebenso keine Polarisation festgestellt wurde. Das war auch zu erwarten gewesen, wenn man bedenkt, daß die optische Achse immer Symmetrieachse ist.

Jedoch zeigte sich in später angefertigten Arbeiten ein kompliziertes Bild der Polarisierung. Hierbei stimmen die

Angaben verschiedener Autoren nicht immer überein. Es wird festgestellt, daß auch entlang der optischen Achse eine Polarisation auftritt, die zeitlich veränderlich ist und von der Anregungsenergie abhängt. Man zeigte, daß die Existenz oder Nichtexistenz der Polarisation der Strahlung eines Lasers mit einem Rubinkern, dessen Achse mit der optischen Achse zusammenfällt, auch von folgendem abhängt: von der Vollkommenheit des Aufbaus von Kristallen und Zusätzen und von den Eigenschaften des Resonators (insbesondere von dessen Symmetrie oder Asymmetrie). Weiterhin wird festgestellt, daß sich in den Kristallen jeder Orientierung (darunter auch der zu der optischen Achse senkrechten) der Polarisationsgrad der Laserstrahlung mit steigender Pumpenergie verringert. Das hängt, einfach dargestellt, offensichtlich damit zusammen, daß in diesem Fall es auch möglich ist, die kleine Komponente ausreichend zu verstärken. Oftmals wird auch ein Unterschied in der Polarisierung festgestellt, je nachdem, von welchem Gebiet des Kristallkörpers die Strahlung ausgeht. Die Ursache hierfür hängt scheinbar mit der Eigenschaft und dem ungleichmäßigen Wachstum des Kristalls zusammen, ebenso mit der Art und Zahl der im Kristall entstehenden Lichtschwingungen (Moden).

Das Verständnis all dieser Erscheinungen wird noch dadurch erschwert, daß die Polarisation der eigenen Fotolumineszenz von Rubin-Einkristallen ziemlich kompliziert ist, unter anderem hängt sie auch stark von der Wellenlänge der Strahlung ab. Der Polarisierungsgrad einer Vielzahl von Linien und Zonen der Lumineszenz hat unterschiedlichste Werte. Diese Frage ist noch nicht endgültig geklärt.

Man hat vor verhältnismäßig kurzer Zeit erst begonnen, sich mit dem Laser zu befassen. Natürlich gibt es zur Zeit noch eine Vielzahl ungeklärter Erscheinungen, Fakten und Details, sowohl prinzipieller als auch technischer Natur. So verhält es sich auch mit einigen der beschriebenen Probleme der Polarisation der Laserstrahlung.

Zweifellos kann bei den verschiedenen Anwendungen

des Lasers für praktische Zwecke die Polarisation seiner Strahlung in einer Reihe von Fällen nutzbringend angewendet werden.

5. Einige andere Fälle von Strahlung polarisierten Lichtes

Die Wärmestrahlung glühender anisotroper Stoffe ist polarisiert. Einen bedeutenden Polarisierungsgrad (bis 70%) zeigt die Bremsstrahlung relativistischer Elektronen (d. h. solcher Elektronen, die eine sehr große Geschwindigkeit, die nahe der Lichtgeschwindigkeit liegt, besitzen), die sich in einem Magnetfeld bewegen. Man vermutet, daß dieser Mechanismus der Lichtstrahlung die Polarisation, die bei einigen Nebeln (z. B. dem Krebsnebel) beobachtet wird, erklärt.

Dipolartige Radioantennen senden linear polarisierte Radiowellen aus, spiralförmige Antennen jedoch zirkular polarisierte.

Oftmals ist das Licht verschiedenartiger Gasentladungen polarisiert.

Man kann auch eine Reihe anderer Beispiele nennen. Man muß jedoch berücksichtigen, daß in einigen Fällen die Polarisation nicht durch den eigentlichen Ausstrahlungsprozeß hervorgerufen wird, sondern eine Folge von sekundären Prozessen (Reflexion, Brechung, Streuung des Lichtes) ist, deren Einfluß auf die Polarisation das folgende Kapitel behandelt.

KAPITEL V

Methoden zur experimentellen Umwandlung von natürlichem Licht in polarisiertes und zur Änderung des Polarisationstyps

Diese Methoden können auf beliebigen optischen Erscheinungen beruhen, in deren Verlauf das Licht auf eine oder andere Weise polarisiert wird oder seine Polarisation ändert. Es gibt eine Vielzahl solcher verschiedenartiger Erscheinungen. Zu den bekanntesten, am genauesten erforschten und am meisten ausgenutzten kann man die Reflexion und Brechung an der Grenze isotroper Dielektrika, die Doppelbrechung der Kristalle, den Dichroismus (Abhängigkeit der Lichtabsorption von seiner Polarisation) und die Lichtstreuung rechnen. In diesem Kapitel wollen wir das Wesen dieser Erscheinungen und ihre Anwendungsmöglichkeiten für uns interessierende Zwecke betrachten.

1. Die Lichtpolarisation bei der Reflexion und Brechung an der Grenze isotroper Dielektrika

Unter Verwendung eines beliebigen Polarisationsgerätes (solche sind bisher noch nicht behandelt, wir werden aber einige in diesem Kapitel kennenlernen) kann man sich leicht davon überzeugen, daß das Licht immer teilweise, manchmal auch vollständig, linear polarisiert ist, das an einer glatten polierten Oberfläche eines Dielektrikums reflektiert wird (z. B. an Glas, Marmor, Plast, an der Oberfläche von Wasser bzw. anderer Flüssigkeiten usw.). Wie schon gesagt, wurde diese Möglichkeit der Polarisation von MALUS 1810 entdeckt. Das Grundgesetz der Polarisation bei der Reflexion wurde 1815 von

Brewster aufgestellt. Wir wollen versuchen, vor allem den physikalischen Inhalt der Erscheinung zu verstehen.

Auf die Begrenzung eines durchsichtigen Dielektrikums, z. B. Glas, falle ein natürlicher Lichtstrahl (Abb. 19). An der Oberfläche teilt er sich in zwei Strahlen, den reflektierten und den gebrochenen. Der erste läuft zurück in die

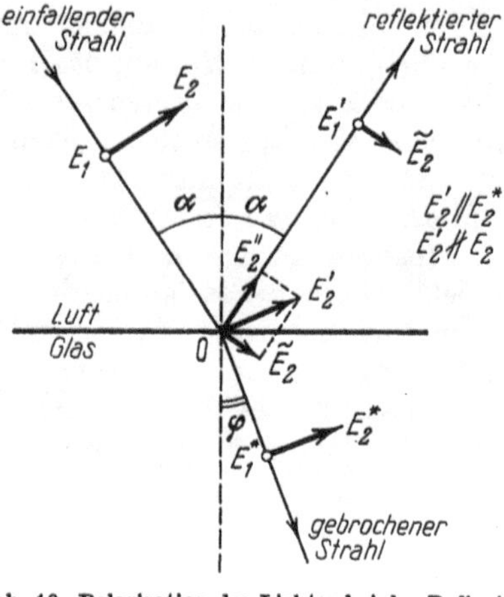

Abb. 19. Polarisation des Lichtes bei der Reflexion

Luft unter einem Winkel, der gleich dem Einfallswinkel ist, der zweite breitet sich im Glas aus unter dem Brechungswinkel φ (zur Normalen), der mit dem Einfallswinkel α durch folgende Beziehung zusammenhängt:

$$\frac{\sin\alpha}{\sin\varphi} = n = \frac{c}{v}, \tag{1}$$

dabei ist c die Lichtgeschwindigkeit in Luft, v die in Glas, n die Brechzahl von Glas. Diese Gesetze der Reflexion und Brechung des Lichtes folgen aus der Wellentheorie und werden in vielen populärwissenschaftlichen und Lehrbüchern dargelegt. Deshalb setzen wir sie als bekannt voraus und konzentrieren uns auf die Frage nach den Polarisationsverhältnissen bei diesen Prozessen. Wie schon bemerkt wurde, können wir das Chaos aller möglichen Richtungen des elektrischen Feldstärkevektors im natürlichen Licht durch die Gesamtheit zweier gleicher zueinander orthogonaler Komponenten ersetzen. Es soll $\boldsymbol{E}_2$ in der Einfallsebene liegen, und senkrecht auf dieser stehe $\boldsymbol{E}_1$ (von dieser Komponente ist in der Abbildung nur eine punktförmige Spur zu sehen). Die Ursache für die Entstehung des reflektierten und des gebrochenen Strahls im Punkt „O" ist die Wechselwirkung des auftreffenden Lichtes mit dem Medium. Diese sekundären Wellen sind die Folge der elektromagnetischen Schwingungen, die in den Atomen des Mediums vom einfallenden Licht hervorgerufen werden. Die Komponente $\boldsymbol{E}_1{}^*$ des elektrischen Feldstärkevektors der gebrochenen Welle, die auf der Einfallsebene senkrecht steht, ist parallel zu $\boldsymbol{E}_1$. $\boldsymbol{E}_2{}^*$ aber ist schon nicht mehr parallel zu $\boldsymbol{E}_2$, denn der gebrochene Strahl ist nicht mehr parallel zum einfallenden. Dabei ist sehr wesentlich, daß die Feldstärkevektoren $\boldsymbol{E}_1{}^*$ und $\boldsymbol{E}_2{}^*$ im Verhältnis zum reflektierten Strahl nicht mehr gleichberechtigt sind. $\boldsymbol{E}_1{}^*$ steht senkrecht auf diesem und kann sich deshalb mit gleicher Wahrscheinlichkeit sowohl im gebeugten als auch im reflektierten Strahl ausbreiten ($\boldsymbol{E}_1{}^*$ und $\boldsymbol{E}_1{}'$). Doch das kann man nicht von $\boldsymbol{E}_2{}'$ sagen. Zerlegen wir $\boldsymbol{E}_2{}'$ seinerseits in die Komponenten $\boldsymbol{E}_2{}''$ und $\tilde{\boldsymbol{E}}_2$. Infolge der Transversalität der Lichtwellen kann sich nur $\tilde{\boldsymbol{E}}_2$ im reflektierten Strahl ausbreiten, während der Ausbreitung der Komponente $\boldsymbol{E}_2{}^*$ im gebrochenen Strahl nichts im Wege steht. Daraus ergibt sich sofort die Schlußfolgerung, daß sowohl der reflektierte als auch der gebrochene Strahl teilweise polarisiert sind, wobei die bevorzugte Richtung im reflektierten Licht senkrecht auf der Einfallsebene steht ($\boldsymbol{E}_1$) und im gebrochenen Licht in dieser Ebene liegt ($\boldsymbol{E}_2$). Als Merksatz gilt folgende mnemotechnische Regel:

reflektiert wird vorwiegend die „streichende“ Komponente, und die „stechende“ geht durch.

Von besonderem Interesse ist der in Abb. 20 dargestellte Fall, daß zwischen reflektiertem und gebrochenem Strahl ein rechter Winkel liegt. In diesen Fall fällt $\boldsymbol{E}_2'$ mit der Richtung des reflektierten Strahls zusammen und kann sich folglich in dieser Richtung überhaupt nicht ausbreiten. Der reflektierte Strahl ist vollständig linear

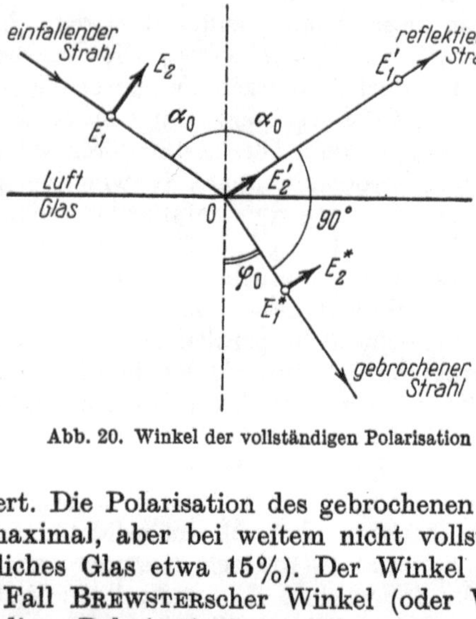

Abb. 20. Winkel der vollständigen Polarisation

polarisiert. Die Polarisation des gebrochenen Strahls ist dabei maximal, aber bei weitem nicht vollständig (für gewöhnliches Glas etwa 15%). Der Winkel α_0 wird in diesem Fall BREWSTERscher Winkel (oder Winkel der vollständigen Polarisation) genannt.

Da $\alpha_0 + \varphi_0 = 90°$ ist, ist $\sin \varphi_0 = \cos \alpha_0$, und unter Berücksichtigung von (1) erhalten wir die Bedingung zur Bestimmung des BREWSTERschen Winkels eines gegebenen Materials:

$$\operatorname{tg} \alpha_0 = n. \tag{2}$$

Somit verfügen wir jetzt über die erste Methode, natürliches Licht in linear polarisiertes zu verwandeln. Für gewöhnliches Glas beträgt der BREWSTERsche Winkel etwa 57°. Wie aber können wir uns experimentell davon überzeugen, daß das unter dem BREWSTERschen Winkel reflektierte Licht wirklich linear polarisiert ist? Dazu können wir eine ebensolche reflektierende Oberfläche benutzen, die wir ebenfalls unter dem BREWSTERschen Winkel in den Strahlengang des primär reflektierten Lichtes bringen, jedoch in kreuzförmiger Lage (so daß die „streichende" Komponente zur „stechenden" wird). Wenn wir diese Anordnung hinreichend genau realisieren, ist die Intensität des vom zweiten Spiegel reflektierten Lichtes gleich Null. Eine solche gegenseitige Anordnung zweier polarisierender Vorrichtungen wird als kreuzförmig bezeichnet. Die erste Vorrichtung (der erste Spiegel) wird üblicherweise Polarisator genannt, die zweite Analysator. Wenn wir den zweiten Spiegel um 90° drehen, wobei die Drehachse die Richtung des Strahls zwischen den Spiegeln ist, erhalten wir eine parallele Anordnung der Vorrichtungen (Spiegel), bei der die „streichende" Komponente auch für den zweiten Spiegel die „streichende" bleibt. Die Intensität des zweimal reflektierten Lichtes ist in diesem Fall maximal.

Die Vereinigung eines Polarisators und eines Analysators ist eine typische Polarisationsanlage, die unterschiedliche Polarisationserscheinungen in verschiedenen Medien zu untersuchen erlaubt, wenn man diese zwischen Polarisator und Analysator bringt. Zum Beispiel ist offensichtlich, daß jede Veränderung der Polarisation des primär reflektierten Lichtes bei kreuzförmiger Anordnung der Spiegel sofort zu bemerken ist, da sie die Dunkelheit aufhebt und eine Aufhellung hervorruft. Im weiteren werden wir uns oft solcher Vorrichtungen bedienen.

Gerade mit Hilfe der Polarisation bei Reflexion wurden die ersten Polarisationsvorrichtungen solchen Typs geschaffen, die eine große Rolle bei der experimentellen Erforschung der Lichtpolarisation spielten, zum Beispiel der altertümliche NÖRREMBERGsche Apparat (Abb. 21).

Es ist bekannt, daß die Brechungszahl von der Wellenlänge des Lichtes abhängt (Dispersion). Folglich muß der

Brewstersche Winkel für verschiedene Teile des Spektrums unterschiedlich sein. In einigen Stoffen mit großer Dispersion kann dieser Unterschied bemerkbar sein, zum Beispiel bei den von Wood untersuchten Stoffen Para-Nitroso-Dimethylanilin und Nitroso-Benzyläthylanilin. Hier liefert die Kreuzstellung von Polarisator und Analy-

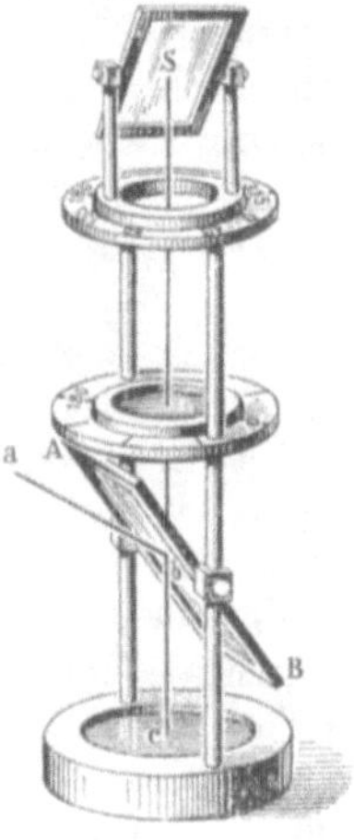

Abb. 21. Nörrembergscher Apparat

sator in weißem Licht keine Dunkelheit, sondern ein farbiges Bild. Bei den meisten durchsichtigen Medien jedoch ist die Dispersion zu gering, um die Größe des Winkels der vollständigen Polarisation merklich zu beeinflussen. Deshalb wird die Kreuzstellung in diesen Fällen praktisch im gesamten Spektrum erreicht.

Die Messung des Winkels der vollständigen Polarisation des Lichtes bei Reflexion kann als einfache Methode zur Bestimmung der Brechungszahl einer Substanz dienen.

Wie schon dargelegt wurde, ist die Polarisation der gebrochenen Strahlen (sogar wenn das Licht unter dem Brewsterschen Winkel einfällt) bei weitem nicht vollständig. Um sie zu vergrößern, kann man die gebrochenen

Strahlen einer zweiten, dritten usw. Brechung unterwerfen. Die Brechung an 8 bis 10 übereinander gelegten Glasplättchen genügt, damit bei Einfall des Lichtes unter dem BREWSTERschen Winkel nicht nur das reflektierte, sondern auch das gebrochene Licht praktisch vollständig polarisiert ist. Ein solches System von Plättchen wird Glasplattensatz genannt. Ein Glasplattensatz kann sowohl im reflektierten („streichende" Komponente) als auch im durchgehenden Licht („stechende" Komponente) als Polarisator (oder Analysator) dienen.

Für verschiedene Bereiche des Spektrums werden Glasplattensätze aus verschiedenen Materialien verwendet. So sind für den sichtbaren Bereich verschiedene Glassorten am geeignetsten, für den ultravioletten geschmolzener Quarz, für den infraroten Silberchlorid und Selen.

Die angegebenen Polarisationserscheinungen bei der Spiegelung finden nicht auf der Oberfläche von Metallen statt, wie gut sie auch poliert sein mag. Spiegel, die mit einer dünnen Metallschicht bedeckt sind, polarisieren das reflektierte Licht auch dann nicht, wenn das einfallende Licht natürliches ist. Die Ursache dafür besteht darin, daß Metalle das Licht außerordentlich stark absorbieren. Dieser Umstand erklärt sich durch das Vorhandensein einer großen Zahl freier Elektronen in Metallen, auf die das elektrische Feld der einfallenden Lichtwellen wirkt. Der Hauptanteil des Lichtes (90% und mehr), das auf die Metalloberfläche fällt, wird reflektiert. Derjenige Teil, der in das Innere des Metalls eindringt, wird von dünnsten Schichten vollständig absorbiert. Etwas übertrieben kann man sagen, daß es in Metallen keine gebrochenen Wellen gibt. Polarisation entsteht also, wie wir oben sahen, durch ungleiche Verteilung der Komponenten des elektrischen Feldstärkevektors zwischen reflektierter und gebrochener Welle. So ist, wenn es keine gebrochenen Wellen gibt, bei Einfall von natürlichem Licht die reflektierte Welle auch nicht polarisiert.

Wir untersuchten bis jetzt nur die Möglichkeit, ganz oder teilweise linear polarisiertes Licht aus nicht polarisiertem mit Hilfe von Reflexion und Brechung zu erhalten. Diese Erscheinungen kann man jedoch auch für die Umwandlung von Licht eines Polarisationstyps in einen anderen ausnutzen. Um das zu verstehen, ist es nötig, die Phasenverhältnisse des Lichtes bei diesen Prozessen zu betrachten. Nehmen wir den einfachsten Fall — die Reflexion einer elektromagnetischen Welle bei senkrechtem Einfall auf die Grenze zweier Medien. In der einfallenden Welle sind die Richtungen der Vektoren des elektrischen (**E**) und des magnetischen (**H**) Feldes einer exakten Regel unterworfen und bilden mit der Richtung des Lichteinfalls ein Rechtsschraubensystem (s. Kap. I). In der reflektierten Welle bleibt das Rechtsschraubensystem unbedingt erhalten. Jedoch hat sich dabei die Ausbreitungsrichtung umgekehrt. Diese Bedingung kann nur dann erfüllt sein, wenn entweder die Richtung von **E** oder die Richtung von **H** ebenfalls umgekehrt wird. Experimentelle Daten und die exakte Theorie zeigen, daß bei der Reflexion am optisch dichteren Medium (mit größerem Brechungsindex als beim Medium, aus dem das Licht einfällt) die Orientierung des Vektors **E** verändert wird, während die Orientierung von **H** unverändert bleibt. Das heißt, daß **E** seine Phase um π (180°) ändert.

In allen Fällen, bei denen das Licht auf die Grenze zweier Medien fällt, bestehen eindeutige Wechselbeziehungen von Amplituden und Phasen der einfallenden und reflektierten Wellen. Sie hängen vom Einfallswinkel und dem Brechungsindex des Mediums ab. Besonderes Interesse verdient der Fall der Totalreflexion, das ist die Reflexion am dünneren Medium, die bei genügend großem Einfallswinkel auftritt. Die Größe dieses Grenzwinkels α_{total} ergibt sich aus folgender Bedingung: Wenn φ der Brechungswinkel ist, dann ist $\sin\alpha/\sin\varphi = n$. Mit $\sin\varphi = 1$ folgt $\sin\alpha_{\text{total}} = n$ $(n < 1)$.

Bei Winkeln, die größer als α_{total} sind, gibt es keinen gebrochenen Strahl, folglich wird alles Licht reflektiert. Dabei erleiden die Komponenten des reflektierten Strahls, die in der Einfallsebene und senkrecht dazu liegen, verschiedene Phasenänderungen. Diesen Umstand nützte FRESNEL geschickt aus, um auf experimentellem Wege zirkular polarisiertes Licht zu erhalten. Das Prinzip dieser Methode besteht darin, daß linear (und zwar unter einem Winkel von 45° zur Einfallsebene) polarisiertes Licht, das eine Totalreflexion erfährt, eine Phasendifferenz zwischen den Komponenten (die in der Einfallsebene und senkrecht dazu liegen) von 90°($\pi/2$) erlangt. Es zeigte sich, daß im Bereich des sichtbaren Lichtes (und auch des infraroten und ultravioletten) die Erzeugung solcher Phasendifferenz unter Benutzung einer einmaligen Totalreflexion unmöglich ist. Jedoch kann man die Phasendifferenz von 45° erhalten. Folglich kann man bei zweimaliger Totalreflexion 90° bekommen.

Von dieser Überlegung ausgehend, schlug FRESNEL die Anordnung vor, die in Abb. 22 dargestellt ist und die Bezeichnung FRESNELsches Parallelepiped erhalten hat. Die-

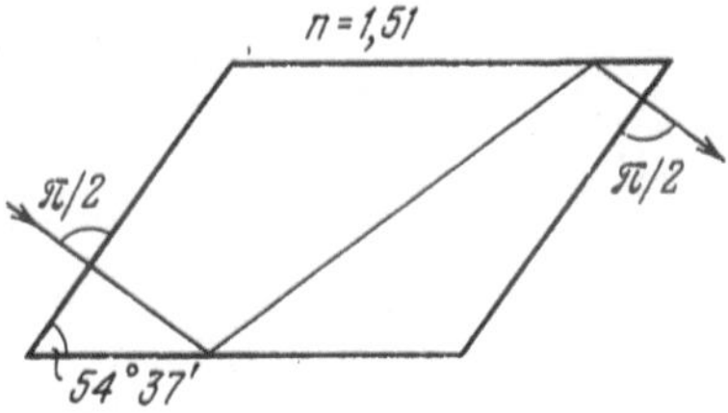

Abb. 22. FRESNELsches Parallelepiped

ses ist ein gläsernes Parallelepiped mit dem Brechungsindex $n = 1{,}51$ und dem spitzen Winkel 54° 37′. Wenn ein linear polarisierter Strahl, dessen Polarisationswinkel zur Einfallsebene 45° beträgt, senkrecht auf die kleinere Grenzfläche dieses Parallelepipeds fällt, so erleidet er eine zweimalige Totalreflexion an den langen Grenzflächen unter dem Winkel von 54° 37′. Im Ergebnis entsteht eine Phasenverschiebung von 90° zwischen den Komponenten. Folglich ist der senkrecht aus der zweiten kleinen Grenzfläche austretende Strahl zirkular polarisiert. Es ist offensichtlich, daß die Phasendifferenz auf 180° anwächst, wenn man ihn zwingt, ein zweites FRESNELsches Parallelepiped zu durchlaufen. Es entsteht wieder ein linear polarisierter Strahl, dessen Polarisationsrichtung aber senkrecht auf der Richtung des polarisierten Strahls steht, der auf das erste FRESNELsche Parallelepiped fällt. Wenn man die Ausgangsstrahlen nicht senkrecht auf das FRESNELsche Parallelepiped schickt, sondern unter irgendeinem anderen Winkel, dann ist die Phasendifferenz von 90° verschieden. Der austretende Strahl wird elliptisch polarisiert.

Später wurden andere Modifikationen dieser Anordnung vorgeschlagen, z. B. das MOONEYsche Parallelepiped (Abb. 23). Letzteres hat im Vergleich zum FRESNELschen

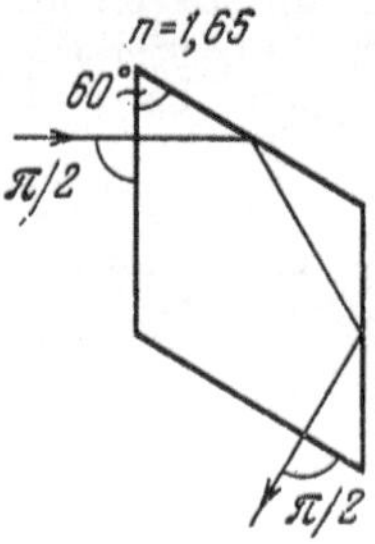

Abb. 23. MOONEYsches Parallelepiped

Parallelepiped sowohl gewisse Mängel (umgekehrter Strahlenaustritt) als auch gewisse Vorzüge (bedeutend weniger Einfluß eines schrägen Einfalls; infolgedessen kann man Lichtstrahlenbündel großer Divergenz anwenden).

Elliptisch polarisiertes Licht wird auch nach der Reflexion an Metallflächen linear polarisiert. Die Ursache dafür liegt ebenfalls in dem Auftreten einer Phasendifferenz zwischen den Komponenten, die in der Einfallsebene und senkrecht dazu liegen.

Am Ende dieses Abschnitts erwähnen wir noch einen Polarisationseffekt, der durch die Lichtspiegelung entsteht. Er ist sehr einfach und besteht darin, daß sich bei der Spiegelung in der Normalen (oder nahe bei der Normalen) an polierten Glasplatten rechtszirkular polarisiertes Licht in linkszirkular polarisiertes Licht umkehrt. Tatsächlich erleiden beide linear polarisierten Komponenten, in die man zirkular polarisiertes Licht zerlegen kann, durch die Spiegelung eine gleiche Phasenänderung (um π), wie weiter oben gezeigt wurde. Folglich ändert sich der Phasenunterschied zwischen ihnen nicht, aber die Richtung des Lichtes kehrt sich um. Daher ist es klar, daß die Rechtszirkulation in die Linkszirkulation übergeht (und umgekehrt).

2. Doppelbrechung des Lichtes in Kristallen

Wie schon im Kapitel II besprochen wurde, war die Doppelbrechung die erste Erscheinung, bei der auf experimentellem Wege die Polarisation des Lichtes entdeckt wurde. Eine Doppelbrechung erleidet das Licht nur an der Grenze anisotroper durchsichtiger Körper, in erster Linie Kristalle. Durch die Doppelbrechung erklärt sich auch die allgemein bekannte doppelte Abbildung von Gegenständen, auf die man z. B. durch eine Platte isländischen Spats schaut. Er ist das klassische Beispiel doppelbrechender Kristalle (diese Eigenschaft zeigt sich hier sehr stark). Versuchen wir, die Ursachen der Doppelbrechung zu analysieren.

Die Brechung von Strahlen an der Grenze eines isotropen durchsichtigen Materials hat ihre Ursache in der Änderung der Lichtgeschwindigkeit im Material im Vergleich zum Vakuum (oder der Luft) (Abb. 24a). Sie wird charakterisiert durch den Brechungsindex $n = c/v$, eine konstante Größe für ein gegebenes Medium und eine gegebene Lichtwellenlänge. Sie hängt nicht vom Einfallswinkel ab. Das ist auch erklärlich, denn das Medium ist isotrop. Beim anisotropen Medium kann man ebenso natürlich erwarten, daß n für verschiedene Richtungen verschieden sein wird, daß n eine Funktion des Einfallswinkels sein wird (Abb. 24 b). Das ist wirklich so, aber das erklärt noch nicht die Doppelbrechung, d. h. das Aufspalten des unter einem bestimmten Winkel auftreffenden Strahles in zwei gebrochene, in verschiedene Richtungen

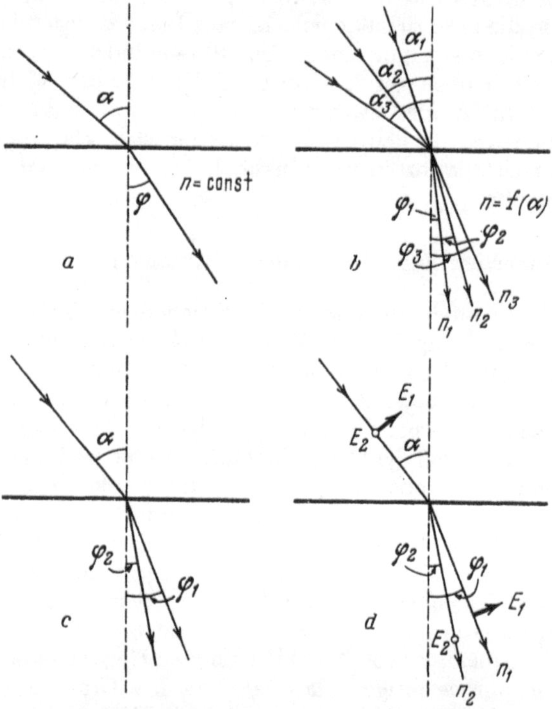

Abb. 24. Lichtbrechung an der Grenze eines isotropen Materials und eines Kristalls. Das Licht fällt aus der Luft auf das isotrope Medium (a) und auf den Kristall (b, c, d)

gehende Strahlen (Abb. 24 c). Um einen Zugang zur Erklärung dieser Erscheinung zu finden, muß man sich erinnern, daß Lichtwellen Transversalwellen sind und daß die Richtung des Strahles selbst nicht die einzige Richtung ist, die ihn charakterisiert. Es gibt noch eine zweite

Richtung — die Schwingungsrichtung des elektrischen Feldstärkevektors $\boldsymbol{E}$. Die Anisotropie des Mediums muß nicht nur auf die Richtung des Strahls, sondern auch auf die Richtung seiner Polarisation wirken. Der einfallende Strahl sei natürlich. Wir verfahren wie auch früher: Wir zerlegen alle möglichen Richtungen des elektrischen Feldstärkevektors in die Komponenten $\boldsymbol{E}_1$ in der Einfallsebene und $\boldsymbol{E}_2$ senkrecht zu ihr und summieren sie. Infolge der Anisotropie des Kristalls treffen $\boldsymbol{E}_1$ und $\boldsymbol{E}_2$ in ihm auf unterschiedliche Eigenschaften und werden sich im allgemeinen Fall mit verschiedenen Geschwindigkeiten ausbreiten. Daraus folgt, daß bei ihnen verschiedene Brechungsindizes, verschiedene Brechungswinkel oder, anders ausgedrückt, verschiedene Ausbreitungsrichtungen auftreten (Abb. 24d). Das bedeutet eine Spaltung des einfallenden Strahles in zwei zueinander senkrecht polarisierte Strahlen, d. h. Doppelbrechung.

Bei oberflächlicher Betrachtung zeigt sich, daß wir künstlich gerade eine Doppelbrechung und keine Mehrfachbrechung erhielten, weil wir das System für die Zerlegung der Feldstärkevektoren $\boldsymbol{E}$ willkürlich gewählt haben. Führten wir die Zerlegung bezüglich eines anderen Paares senkrecht aufeinander stehender Ebenen durch, so würden wir noch zwei Feldstärkevektoren $\boldsymbol{E}_1'$ und $\boldsymbol{E}_2'$ erhalten, die ebenfalls eigene Ausbreitungsrichtungen im Kristall besitzen müssen usw. Als Resultat würde man erhalten, daß das einfallende Licht im Kristall nicht in zwei, sondern in unendlich viele Strahlen mit verschiedener Polarisation aufgespalten werden muß.

Die Sache verhält sich jedoch nicht so. Die Wahl des Koordinatensystems kann nicht beliebig sein — sie wird eindeutig von den Eigenschaften des Kristalls bestimmt.

Um das Wesen der Erscheinung völlig zu klären, wollen wir ein ganz anderes Beispiel der Anisotropie betrachten. Nehmen wir einen Zylinder (einen Stab mit kreisförmigem Querschnitt — Abb. 25a). Wenn man auf eines seiner Enden in Richtung $\boldsymbol{F}_1$ schlägt, so entstehen in ihm elastische Schwingungen, die von einem Ton bestimmter Frequenz begleitet werden. Genau die gleiche Frequenz erhält man, wenn man in Richtung von $\boldsymbol{F}_2$ schlägt (der runde Stab ist bezüglich seiner Symmetrieachse isotrop). Jetzt nimmt man einen Stab mit elliptischem Querschnitt (Abb. 25 b). Wenn man ihn in Richtung $\boldsymbol{F}_1$ anschlägt, so erhält man eine Tonfrequenz, schlägt man in Richtung $\boldsymbol{F}_2$ an, so ergibt sich eine andere (der Stab ist bezüglich seiner Zentralachse anisotrop). Aber was geschieht, wenn man ihn in einer dazwischenliegenden Richtung $\boldsymbol{F}_3$ anschlägt? Dabei wird kein Ton mit einer neuen Zwischenfrequenz erhalten. Statt dessen sendet der Stab gleichzeitig beide Töne aus mit den vorherigen Frequenzen (Eigenfrequenzen des Stabes).

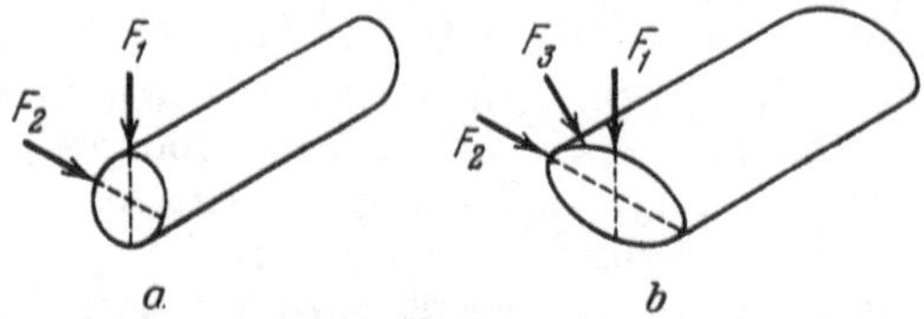

Abb. 25. Anisotropie eines elastischen Stabes

Analog dazu werden im Kristall zwei Eigenrichtungen vorkommen, in denen auch nur der elektrische Feldstärkevektor des gebrochenen Lichtes Schwingungen ausführen kann.

Untersuchen wir, wie im Kristall diese Richtungen bestimmt werden. Vor allem ist es leicht zu verstehen, daß, wenn es im Kristall eine Achse von hinreichend großer Symmetrie gibt, die sich im optischen Verhalten als Achse vollständiger Symmetrie erweist, der Kristall in Achsrichtung isotrop ist. Daraus folgt, daß bei Ausbreitung des Lichtes längs dieser Achse keine Doppelbrechung vorhanden ist. Diese Richtung wird optische Achse des Kristalls genannt. Das ist nämlich eine Richtung und keine Linie. Diese Eigenschaft besitzen alle Linien, die parallel der jeweiligen Richtung verlaufen.

Die Anisotropie des Kristalls ist durch den Bau seines Gitters bedingt. Die Atome und Moleküle, aus denen der

Kristall aufgebaut ist, liegen in einer bestimmten Ordnung; aber diese Ordnung ist nicht unbedingt gleich in den verschiedenen Richtungen. Zum Beispiel können die Entfernungen zwischen den Atomen, die längs einer kristallographischen Achse exakt gleich sind, bezüglich anderen Achsen anders sein. Nur in den Kristallen des einfachsten Systems, des kubischen, sind die Atomabstände in allen drei Hauptachsen gleich, weshalb die Kristalle isotrop sind und insbesondere keine Doppelbrechung des Lichtes besitzen.

Alle übrigen Kristallsysteme besitzen Doppelbrechung. Dabei tritt in Kristallen des Tetragonal- und des Hexagonalsystems nur eine Richtung ohne Doppelbrechung auf, also nur eine optische Achse. Deshalb nennt man sie alle einachsig. In rhombischen, monoklinen und triklinen Kristallsystemen gibt es zwei solche Richtungen. Sie besitzen aus diesem Grund zwei optische Achsen und heißen zweiachsig.

Islandspat $CaCO_3$, der am besten bekannt ist und infolge seiner stark ausgeprägten Doppelbrechung oft verwendet wird, gehört zu dem hexagonalen System und ist deshalb ein einachsiger Kristall. Wenn ein Lichtstrahl längs der optischen Achse auf den Kristall fällt, so befinden sich die verschiedenen Richtungen seines Feldstärkevektors im Kristall unter gleichen Bedingungen, weil die optische Achse eine Achse vollständiger optischer Symmetrie des Kristalls ist, d. h. die Eigenschaften des Kristalls sind in allen Richtungen, die senkrecht zur Achse liegen, gleich. Das kann man durch folgende Experimente demonstrieren. Ein Kristallplättchen, das senkrecht zu dieser Achse angeschnitten ist, bedeckt man mit einer dünnen Wachsschicht, durchbohrt sie im Mittelpunkt, läßt durch die Öffnung einen Draht und erwärmt ihn durch einen elektrischen Strom. Das Wachs schmilzt, wobei die Schmelzspuren kreisförmig sind. Wenn das Plättchen nicht senkrecht zur Achse geschnitten ist, so werden die Schmelzspuren oval. Die optischen Eigenschaften haben ähnliche räumliche Struktur. Darum verhält sich ein Lichtstrahl, der im Kristall entlang der optischen Achse läuft, genau so wie in einem isotropen Medium, weil in beliebiger Richtung sein elektrischer Feldstärkevektor senkrecht zur optischen Achse ist.

Untersuchen wir jetzt den Fall, wenn der Strahl unter einem gewissen Winkel zur optischen Achse auf den Kristall fällt. Die Ebene, in der der Strahl und die optische Achse liegen, nennt man Hauptebene des Kristalls. Und zwar bestimmt sie die Polarisation zweier Strahlen, in die sich ein Strahl im Kristall spaltet. Der elektrische Feldstärkevektor des ersten Strahls steht senkrecht zur Hauptebene, der elektrische Feldstärkevektor des zweiten liegt in ihr (Abb. 26). Somit ist aber der erste senkrecht zur

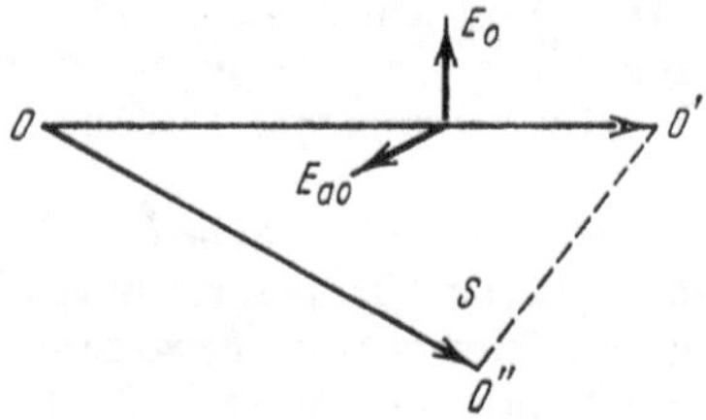

Abb. 26. Strahlenpolarisation im einachsigen Kristall
E_0 E_{ao} – elektrische Feldstärkevektoren des ordentlichen und des außerordentlichen Strahls: OO' – Richtung des einfallenden Strahls, OO'' – optische Achse, OO'O'' – Hauptebene

optischen Achse polarisiert, und folglich „fühlt“ er sich nach wie vor wie in einem isotropen Medium, d. h., er wird bei normalem Einfall nicht gebrochen und sein Brechungsindex hängt nicht von der Richtung des Strahls im Kristall ab. Durch diese Eigenschaften erhielt dieser Strahl den Namen ordentlicher Strahl. Der zweite Strahl, der in der Hauptebene polarisiert ist, gerät dadurch in dem Kristall nicht in „isotrope Bedingungen“ und erfährt einen „anisotropen Einfluß“. Sein Brechungskoeffizient ändert sich mit der Richtung, und er wird sogar bei normalem Einfall des Strahls auf den Kristall gebrochen.

Auf Grund dieser zunächst unverständlichen Eigenschaften wurde der zweite Strahl außerordentlicher Strahl genannt.

Es ist leicht zu verstehen, daß die beschriebene Situation nur dann auftreten kann, wenn der Kristall nur eine optische Achse hat. In zweiachsigen Kristallen sind beide Komponenten der Aufspaltung außerordentliche Strahlen. Ihre Polarisation wird nach folgender Regel bestimmt: die elektrischen Feldstärkevektoren der Komponenten liegen in zwei aufeinander senkrecht stehenden Ebenen. Diese Ebenen halbieren die Winkel zwischen den Ebenen a und b, die durch die Richtung des Strahls und die optischen Achsen verlaufen (Abb. 27). Offensichtlich stellt

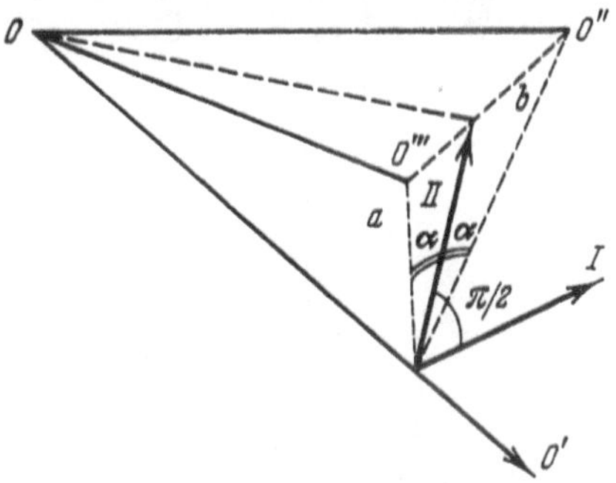

Abb. 27. Strahlenpolarisation im zweiachsigen Kristall
OO′, OO″ und OO‴ – Richtung des einfallenden Strahls und optische Achsen des Kristalls; I und II – elektrische Feldstärkevektoren der beiden Strahlen im Kristall

ein einachsiger Kristall einen Sonderfall dar: die beiden optischen Achsen verschmelzen zu einer, dementsprechend verschmelzen die beiden Ebenen a und b zu einer Hauptebene, eine der winkelhalbierenden Ebenen verschmilzt ebenfalls mit dieser Hauptebene, die zweite liegt zu ihr senkrecht.

Es gibt recht viele verschiedene Arten der grafischen Beschreibung der Doppelbrechung in Kristallen. Bevor wir jedoch zu diesen übergehen, müssen wir eine wichtige

Anmerkung machen. Wenn wir von der Richtung des Lichtes sprechen, so legen wir in diesen anscheinend einfachen Begriff zwei Bedeutungen, erstens die Ausbreitungsrichtung der Wellenfront (bestimmt durch die Phasengeschwindigkeit) und zweitens die Ausbreitungsrichtung der Wellenenergie (bestimmt durch die Strahlgeschwindigkeit). Beide Richtungen sind in einem isotropen Medium identisch, wenn die von einer punktförmigen Quelle ausgehende Wellenfront kugelförmig ist und die Wellennormale mit dem Strahl, d. h. mit dem Radiusvektor des entsprechenden Punktes der Wellenfront, übereinstimmt. Deshalb werden in der Optik für gewöhnlich beide Termini und Begriffe als gleichbedeutend verwendet. Anders ist es in der Kristalloptik.

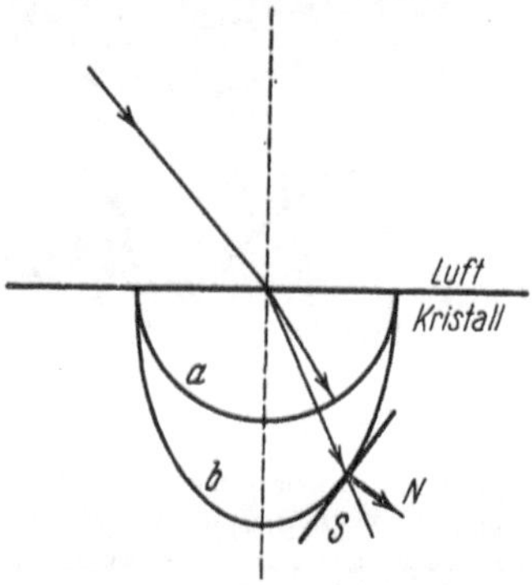

Abb. 28. Wellenfront des ordentlichen (a) und des außerordentlichen Strahls (b)

Wenn in einem einachsigen Kristall die Wellenfront einer punktförmigen Quelle für den ordentlichen Strahl kugelförmig ist, so hat sie für den außerordentlichen Strahl infolge des Geschwindigkeitsunterschiedes für verschiedene Richtungen die Form eines Rotationsellipsoids (Abb. 28). In zweiachsigen Kristallen dagegen bildet sich für beide Strahlen eine noch kompliziertere Fläche. Dementsprechend stimmt die Wellennormale N nicht mit der Richtung des Strahls S überein. Diese Richtungen sind im

Kristall nicht identisch. Man darf sie nicht verwechseln oder füreinander einsetzen. Jedoch besteht zwischen ihnen ein eindeutiger Zusammenhang, und jede Beschreibung mittels der Wellennormalen kann in die „Strahlensprache“ übertragen werden.

Man kann das Bild der Doppelbrechung in Kristallen mit Hilfe doppelter Wellen- oder Strahlenflächen grafisch darstellen. Wenn wir vom Koordinatenursprung aus in den verschiedenen Richtungen des Kristalls die Wellengeschwindigkeiten des ordentlichen und des außerordentlichen Strahls abtragen und durch die so entstandenen Punkte Flächen legen, erhalten wir offensichtlich für den ordentlichen Strahl eine Kugelfläche und für den außerordentlichen ein Rotationsellipsoid. Letzteres berührt die Kugelfläche in zwei Punkten, die der Übereinstimmung beider Geschwindigkeiten entsprechen, d. h. die optische Achse festlegen. In Abb. 29 ist der Schnitt dieser zwei-

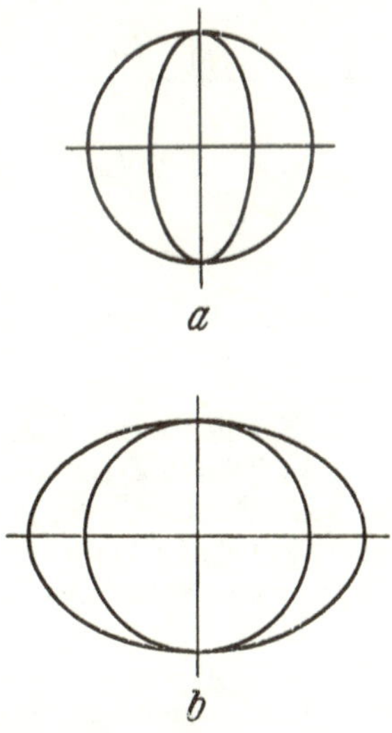

Abb. 29. Schnitt der zweischaligen Wellenfläche einachsiger Kristalle: positiver (a) und negativer Kristall (b)

schaligen Fläche mit einer die optische Achse enthaltenden Ebene dargestellt. Wenn für einen Kristall das Ellipsoid in die Kugelfläche einbeschrieben ist, so pflegt man diesen Kristall positiv zu nennen, und negativ, wenn es der Kugelfläche umbeschrieben ist. Ein Beispiel für den ersten Fall ist Quarz, für den zweiten Islandspat. Eine analoge grafische Konstruktion liefert für einen zweiachsigen Kristall eine Doppelfläche von ziemlich komplizierter Form; eine gewisse Vorstellung davon vermittelt Abb. 30, in der der Schnitt dieser Doppelfläche mit der Ebene der optischen Achsen dargestellt ist. In den Punkten O und O_1, die diesen Achsen entsprechen, stimmt die Geschwindigkeit beider Strahlen überein.

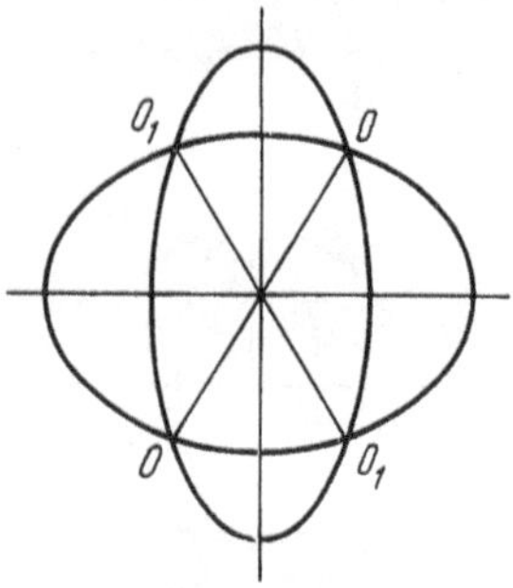

Abb. 30. Schnitt der zweischaligen Wellenfläche eines zweiachsigen Kristalls

Anstelle von Doppelflächen kann man einschalige konstruieren, die eine gleichwertige Information enthalten. Solch eine Fläche heißt Indexellipsoid (Indikatrix) und wird folgendermaßen konstruiert: In der Ebene, die auf der jeweiligen Richtung des Strahls senkrecht steht, werden vom Koordinatenursprung aus in zwei zueinander orthogonalen Richtungen beide Größen, die ordentliche und die außerordentliche, abgetragen (und zwar die Geschwindigkeiten oder die Brechzahlen). Die Indexfläche einachsiger Kristalle ist ein Rotationsellipsoid, die von zweiachsigen ein Ellipsoid mit drei unterschiedlich langen Hauptachsen.

Es sind auch andere grafische (auf Wellen oder Strahlen beruhende) Vorstellungen von der Doppelbrechung möglich. Jedoch hat diese ganze Vielfalt keine prinzipielle Bedeutung, sondern dient lediglich zur bequemen Art der Berechnungen bei der Lösung von Aufgaben verschiedenen Typs und beruht auf ein und denselben physikalischen Grundlagen.

Offensichtlich kann man die Doppelbrechung des Lichtes in Kristallen zur Umwandlung von natürlichem Licht in polarisiertes benutzen. Die sich im Kristall aufspaltenden Komponenten selbst sind linear polarisiert. Nach dem Austritt aus einer planparallelen Platte verlaufen sie parallel. Es genügt, eine von ihnen auszublenden, und die Aufgabe scheint gelöst zu sein. Diese einfache Lösung stößt jedoch auf große Schwierigkeiten. Das liegt daran, daß die lineare Abweichung der Strahlen voneinander im Kristall sehr gering ist.

Bei der unbedeutenden linearen Abweichung und der endlichen Dicke der Strahlenbündel ist es recht schwierig, sie zu trennen. Dazu werden sehr dünne Strahlenbündel benötigt, doch diese liefern eine sehr geringe Lichtausbeute.

Nicol schlug als erster eine scharfsinnige Vorrichtung vor, die nicht die lineare Abweichung der Strahlen ausnutzte, sondern ihre unterschiedlichen Brechzahlen. Sie erhielt die Bezeichnung Nicolsches Prisma (oft auch einfach Nicol genannt), und ihre Wirkungsweise wurde zu einer der Grundlagen bei der Konstruktion polarisierender optischer Geräte.

Ein Nicolsches Prisma ist in Abb. 31 schematisch dargestellt. Das Prisma aus Islandspat ist in Richtung $A\,A_1$ zerschnitten und mit einem Spezialleim. dem Kanadabalsam, zusammengeklebt, nicht deshalb, weil Kanadabalsam ein guter Leim ist, sondern weil seine Brechzahl $n = 1{,}55$ einen Wert zwischen dem Brechungsindex des ordentlichen Strahls ($n = 1{,}658$) und des außerordentlichen Strahls ($n = 1{,}486$) hat, die im Prisma in der auf der Skizze gezeigten Richtung verlaufen. Folglich fällt auf die Grenzfläche der Leimschicht der erste aus einem optisch dichteren Medium in ein dünneres, und bei entsprechend

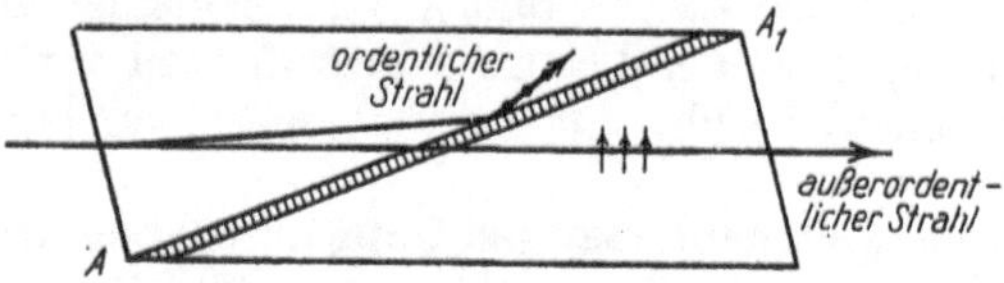

Abb. 31. NICOLsches Prisma

ausgewähltem Einfallswinkel (der auch im NICOLschen Prisma berücksichtigt wird) unterliegt er einer Totalreflexion und geht nicht durch das Prisma hindurch. Nach der Reflexion fällt er auf die geschwärzte Seitenwand, wo er absorbiert wird. Der außerordentliche Strahl jedoch kann bei keinem Einfallswinkel einer Totalreflexion an dieser Schicht unterliegen, weil er aus einem optisch dünneren Medium auf ein dichteres fällt. Deshalb geht er durch das Prisma hindurch. Das austretende Licht wird auf diese Weise linear polarisiert.

Das NICOLsche Prisma spielte in der Optik eine große Rolle. Aber auf Grund einer Reihe von Mängeln, die insbesondere mit der Neigung der Eintritts- und Austrittsfläche zusammenhängen, wurde es durch andere, verbesserte Prismen ersetzt, die jedoch alle auf dem Prinzip des NICOLS beruhen und deshalb aus Tradition häufig ebenfalls NICOLsche Prismen genannt werden. „NICOL" und „Polarisationsprisma" sind fast Synonyme.

Es existieren viele verschiedene Polarisationsprismen. Hier wollen wir nur einige aufzählen.

Das Prisma von AHRENS (Abb. 32) besteht aus drei Prismen aus Islandspat, die mit Kanadabalsam zusammengeleimt sind, wie auf der Abbildung gezeigt wird. Dort wird auch die Lage der optischen Achse und der Strahlengang gezeigt. Es ist ein sehr gutes Prisma und besitzt eine hohe Polarisationsfähigkeit und einen großen Gesichtsfeldwinkel.

Für den ultravioletten Bereich kann man die mit Kanadabalsam zusammengeklebten Prismen nicht benutzen, weil der Kanadabalsam die ultraviolette Strahlung stark absorbiert. Für diesen Bereich verwendet man Prismen

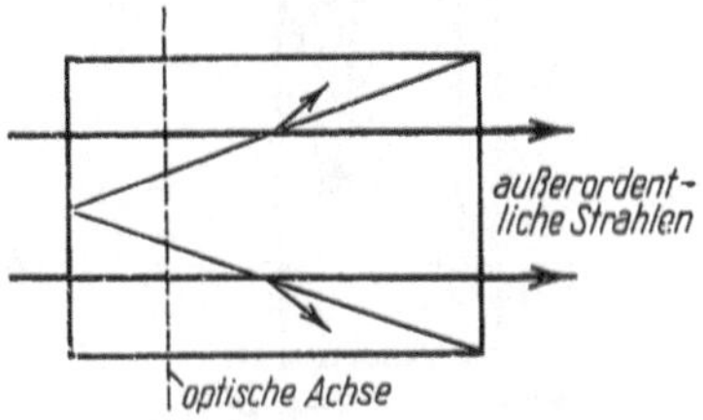

Abb. 32. Prisma von AHRENS

mit einer Zwischenschicht aus Luft, oder man klebt sie mit Stoffen zusammen, die die ultraviolette Strahlung hindurchlassen, z. B. Glyzerin und einige Öle. Als Beispiel kann das GLAN-FOUCAULTsche Prisma dienen (Abb. 33). In ihm sind zwei durch einen Luftspalt voneinander getrennte Prismen aus Islandspat enthalten. Die optischen Achsen der beiden Prismen stehen senkrecht auf dem einfallenden Strahl und der Zeichenebene.

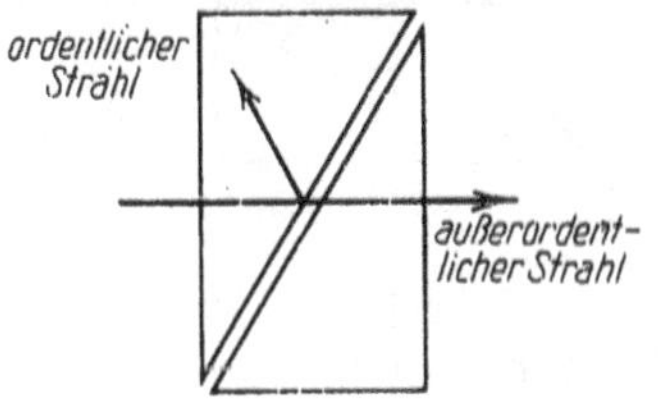

Abb. 33. GLAN-FOUCAULTsches Prisma

Es gibt noch einen anderen Typ von Polarisationsprismen. Im Unterschied zu den verschiedenen Typen der NICOLschen Prismen stellt er eine solche Kombination von Prismen dar, die nicht nur den einen der im Kristall aufgespaltenen Strahlen durchläßt, sondern beide, sie aber dabei unter dem größtmöglichen Winkel trennt. Das bekannteste ist das WOLLASTON-Prisma (Abb. 34). Es besteht aus zwei Stücken Islandspat, die mit Kanadabalsam zusammengeklebt sind. Die Lage der optischen Achsen und der Verlauf der Strahlen sind in der Abbil-

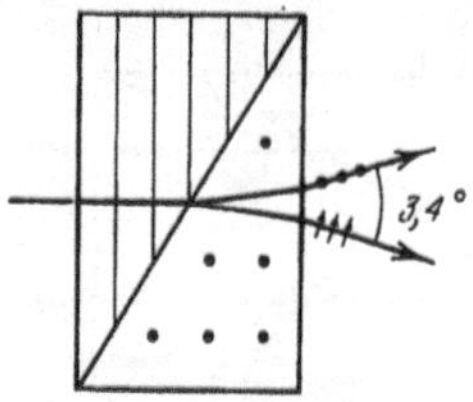

Abb. 34. WOLLASTON-Prisma

dung deutlich zu sehen. Jedoch ist die in diesem Prisma erzielte Winkeldivergenz aufeinander senkrecht stehender polarisierter Strahlen relativ gering und beträgt insgesamt nur 3,4°.

Eine bedeutend größere Winkelabweichung erhält man mit dem Prisma von ABBÉ (Abb. 35). Es besteht aus

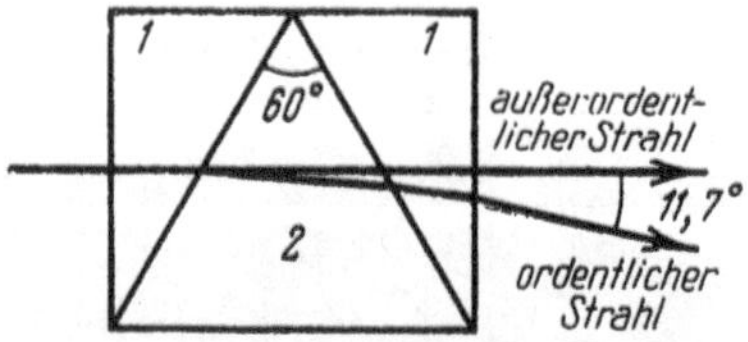

Abb. 35. ABBÉ-Prisma

einem zentralen gleichseitigen Prisma von Islandspat 2, dessen optische Achse parallel zur Brechungskante liegt, und zwei Glasprismen 1. Der außerordentliche Strahl wird beim Durchgang durch das Prisma nicht abgelenkt, und der ordentliche Strahl wird um 11,7° abgelenkt. Wenn man den Brechungswinkel des zentralen Kristallprismas bis zu 90° vergrößert, kann man eine Winkelabweichung der Strahlen von fast 23° erreichen.

Wenn man in den Weg eines Lichtstrahls ein beliebiges NICOLsches Polarisationsprisma stellt, tritt aus ihm folglich linear polarisiertes Licht hervor. Bringt man außerdem noch ein zweites NICOLsches Prisma in den Strahlengang, dann wird das Ergebnis von der gegenseitigen Orientierung der beiden Prismen abhängen. Wenn ihre Hauptebenen (d. h. die Richtungen der durchzulassenden Schwingungen des elektrischen Feldstärkevektors) parallel sind, dann wird die Intensität des durch beide Prismen hindurchgegangenen Strahls am größten sein. Stehen diese Richtungen senkrecht aufeinander, dann geht das Licht überhaupt nicht durch das zweite Prisma hindurch. Eine solche Prismenstellung nennt man gekreuzt.

Im dazwischenliegenden Fall, wenn die Richtungen irgendeinen Winkel α einschließen, wird die Intensität proportional $\cos^2 \alpha$. Davon kann man sich leicht anhand von Abb. 36 überzeugen, wenn man die Schwingungs-

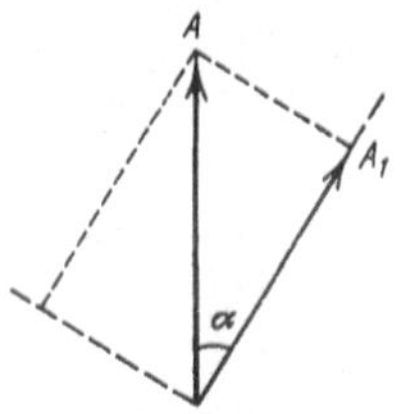

Abb. 36. Zum Gesetz von MALUS

amplitude des elektrischen Feldstärkevektors A des Strahls, der durch das erste NICOLsche Prisma hindurchgegangen ist, in zwei Komponenten parallel und senkrecht zur Schwingungsrichtung A_1, die durch das zweite NICOLsche Prisma hindurchgelassen wird, zerlegt. Somit wurde die Aufgabe auf die beiden vorhergehenden zurückgeführt unter Berücksichtigung, daß die die Energie des Strahls bestimmende Intensität proportional dem Amplitudenquadrat der Schwingungen des elektrischen Feldstärkevektors ist. Dieses Gesetz wurde zuerst von MALUS aufgestellt und trägt seinen Namen.

Das erste NICOLsche Prisma spielt die Rolle des Polarisators, das zweite die des Analysators, ihnen entsprechen die Spiegel im NÖRREMBERGschen Apparat. Diese Elemente bilden den Hauptbestandteil vieler Polarisationsgeräte und -anlagen.

Es ist nützlich, die Besonderheiten dieser Doppelbrechung im Kristall (z. B. im einachsigen) in dem Fall hervorzuheben, wenn auf den Kristall kein natürliches Licht, sondern linear polarisiertes fällt. Es ist leicht zu verstehen, daß das Ergebnis vom Azimut seiner Polarisation abhängen wird. Wenn der Strahl unter 45° zur Hauptebene polarisiert wird, dann entstehen im Kristall beide gebrochenen Strahlen, der ordentliche und der außerordentliche, mit gleicher Intensität. Stimmt der elektrische Feldstärkevektor des einfallenden Strahls richtungsmäßig mit dem des ordentlichen Strahls (oder außerordentlichen) überein, dann entsteht im Kristall jeweils nur einer dieser Strahlen. Solche Polarisationsazimute des einfallenden Lichtes nennt man uniradial. In diesen Fällen gibt es keine Doppelbrechung, obwohl das Licht nicht durch die optischen Achsen geht. Bei allen anderen Azimuten entstehen zwei Strahlen mit unterschiedlicher Intensität im Kristall.

Mit Hilfe der Doppelbrechung kann man auch zirkular und elliptisch polarisiertes Licht erzeugen. Die dafür notwendigen Apparaturen heißen im allgemeinen Phasenplatten.

Betrachten wir eine planparallele Platte, die aus einem einachsigen Kristall (z. B. Quarz) so herausgeschnitten ist, daß ihre Oberfläche parallel zur optischen Achse verläuft. Sie wird in einer vertikalen Ebene so orientiert, daß die optische Achse vertikal gerichtet ist. Dann wird durch sie in horizontaler Richtung (senkrecht zur Platte) ein monochromatischer Strahl linear polarisierten Lichtes geschickt, der vorher ein NICOLsches Prisma durchlaufen hat. Das NICOLsche Prisma ist so orientiert, daß die Richtung der durchzulassenden Lichtschwingung mit der Vertikalen einen Winkel von 45° bildet. Dann entstehen in der Platte zwei Strahlen — der außerordentliche (polarisiert längs der optischen Achse) und der ordentliche (senkrecht zur Achse polarisiert). Ihre Intensitäten stimmen überein. Sie breiten sich mit verschiedener Geschwindigkeit aus, weil sie verschiedene Brechzahlen haben. Infolgedessen weisen diese Strahlen beim Durchtritt durch eine Platte einen Gangunterschied (oder Phasenunterschied) auf, dessen Größe vom Material und von der Dicke der Platte abhängt. Folglich erhält man im allgemeinen als Resultat der Zusammensetzung dieser Strahlen beim Austritt aus der Platte elliptisch polarisiertes Licht (s. Kap. III).

Hier ist es wichtig zu bemerken, daß die lineare Polarisation des einfallenden Strahls eine notwendige Bedingung ist. Wenn ein Strahl natürlichen Lichtes einfallen würde, so wären die in der Platte entstehenden Komponenten inkohärent, und es würde beim Austritt des Strahls keine elliptische Polarisation auftreten. Ausführlicher wird darüber im Kap. VI gesprochen.

Wenn man eine derartige Dicke einer Platte findet, daß der Geschwindigkeitsunterschied zweier Strahlen ein Viertel der Wellenlänge beträgt (das entspricht einer Phasenverschiebung von $\pi/2$), dann ist das austretende Licht zirkular polarisiert. Eine derartige Platte heißt demnach auch „$\lambda/4$-Plättchen“. Eine Quarzplatte für eine viertel Wellenlänge muß z. B. eine Dicke von 15 Mikron haben (für gelbes Licht der Natriumflamme). Die Herstellung hochqualitativer Plättchen solch geringer Dicke ist eine relativ schwere Aufgabe. Deshalb werden in der Praxis dickere Platten verwendet, die einen Gangunterschied von $(k + 1/4)\lambda$ haben, wobei k eine beliebige ganze Zahl ist. Es ist klar, daß ein $\lambda/4$-Plättchen beim Austritt nur dann zirkular polarisiertes Licht liefert, wenn der elektrische Feldstärkevektor des einfallenden Lichtes mit der optischen Achse einen Winkel von 45° bildet. Ist der elektrische Feldstärkevektors anders orientiert, dann ist die Intensität des ordentlichen und außerordentlichen Strahlt verschieden und das ausfallende Licht elliptisch polarisiert, wobei eine Ellipsenachse horizontal, die andere vertikal verlaufen wird.

Wenn man andererseits nicht die Orientierung des elektrischen Feldstärkevektors ändert, sondern die Stärke der Platte variiert (oder Platten aus verschiedenen Materialien nimmt) und so den Gangunterschied ändert, erhält man beim Austritt elliptisch polarisiertes Licht. Wählt man die Plattenstärke so, daß der Gangunterschied $\frac{1}{2}\lambda$ beträgt („$\lambda/2$-Plättchen"), dann erhält man beim Austritt Licht, das wiederum linear polarisiert ist, jedoch mit einem Winkel von 135° (Abb. 37).

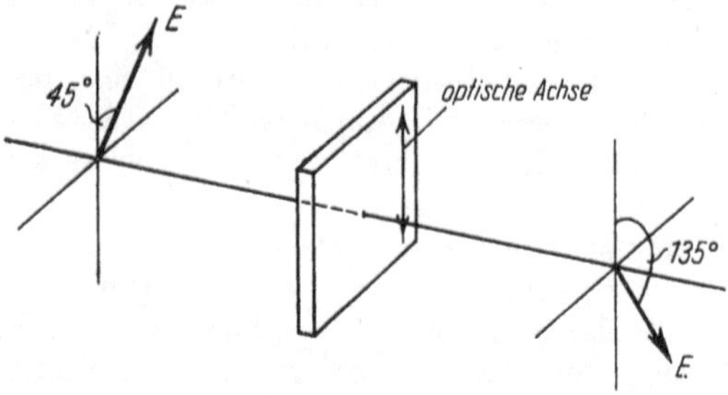

Abb. 37. $\lambda/2$-Plättchen

Außer Quarz und Islandspat verwendet man oft für die Herstellung von Phasenplatten Glimmer, aus dem man durch Spalten leicht homogene dünne Plättchen herstellen kann. Obwohl Glimmer kein einachsiger, sondern ein zweiachsiger Kristall ist, bleibt der Inhalt der obengenannten Überlegungen im Prinzip erhalten. Außer Kristallen werden mit Erfolg Schichten orientierter organischer Polymere verwendet, die auch eine Doppelbrechung besitzen. Geeignete Phasenplatten können z. B. aus erwärmten und in bestimmter Richtung verstreckten Schichten von Polyvinylalkohol hergestellt werden.

Nach dieser Definition sind die $\lambda/4$- oder $\lambda/2$-Plättchen somit nur für bestimmte Wellenlängen geeignet, d. h. sie sind chromatisch (farbselektiv). So wird ein $\lambda/4$-Plättchen nur bestimmtes monochromatisches Licht zirkular polarisieren. Das Licht aller übrigen Wellenlängen wird elliptisch mit unterschiedlicher Elliptizität polarisiert.

Die Herstellung achromatischer Phasenplatten ist eine ziemlich schwere Aufgabe. Jedoch in einzelnen konkreten Fällen gelingt es, sie zu lösen. Zum Beispiel kann man den Chromatismus einer Platte durch eine andere (aus anderem Material) kompensieren. Besonders gut gelingt das mit Phasenplatten des Schichttyps. Bei der Streckung verschiedener organischer polymerer Schichten entsteht in ihnen eine Doppelbrechung mit verschiedenen Vorzeichen (einige sind analog zu positiven einachsigen Kristallen, andere zu negativen). Gute Resultate erhält man z. B. bei der Kombination gestreckter Schichten aus Zelluloseazetat und Zellulosenitrat. Dabei sind die Schichten gegenseitig so orientiert, daß die Richtungen der größten Brechungskoeffizienten gekreuzt sind. Dann wird der „normale" Chromatismus des Azetats durch den „anomalen" Chromatismus des Nitrats kompensiert. Eine andere Möglichkeit der Achromatisierung ist die Kombination einiger Kristallplatten (z. B. dreier Glimmerplatten) mit unterschiedlicher Orientierung, die speziell so gewählt ist, daß der Chromatismus maximal kompensiert wird (im gezeigten Beispiel gelang es, einen fast vollständigen Achromatismus in einem breiten Spektralbereich von 4000 bis 7800 Å herzustellen, der das ganze sichtbare Licht erfaßt). Schließlich verwendet man anstelle einer Platte spezielle achromatische Plattensätze, die es gestatten, für eine Reihe diskreter Wellenlängen Achromatismus zu erzeugen.

Bisher sprachen wir von einer linearen Doppelbrechung, wenn sich in einem gegebenen Medium verschieden linear polarisierte Strahlen mit verschiedener Geschwindigkeit ausbreiten. Außer der linearen ist auch eine zirkulare (und elliptische) Doppelbrechung möglich. In diesem Fall breitet sich rechts- und linkszirkular polarisiertes Licht mit verschiedener Geschwindigkeit im Medium aus, und dazwischen entsteht ein bestimmter Gangunterschied. Es zeigte sich, daß diese Eigenschaft nicht nur Kristalle besitzen, sondern auch einige Flüssigkeiten, wobei die physikalische Ursache der Erscheinung nicht nur in der Kristallgitterstruktur zu suchen ist, sondern in den Besonderheiten des Molekülaufbaus dieser Stoffe. Dieser Aspekt soll weiter unten betrachtet werden. Wir versuchen jetzt aber noch zu verstehen, zu welchen Ergebnissen die zirkulare Doppelbrechung führt.

Lassen wir auf das uns interessierende Medium linear polarisiertes Licht fallen. Wir wissen (s. Kap. III), daß man dieses als Überlagerung zweier zirkularer polarisierter Wellen (rechts und links), die in der Phase übereinstimmen, darstellen kann. Haben sie einen bestimmten Weg im zirkular doppelbrechenden Medium zurückgelegt, erhalten diese beiden Wellen einen bestimmten Gangunterschied. Folglich ergibt ihre Überlagerung beim Austritt aus dem Medium linear polarisiertes Licht mit einem anderen Azimut des elektrischen Feldstärkevektors als das des eingestrahlten Lichtes. Auf diese Weise erfolgt eine Drehung der Polarisationsrichtung des linear polarisierten Lichtes als endgültiges Ergebnis. Deshalb erhielt diese Erscheinung den Namen „Drehung der Polarisationsebene". Medien mit dieser Eigenschaft werden als optisch aktiv bezeichnet.

Ähnlich den linearen Phasenplatten können aus solchen Medien zirkulare und elliptische Phasenplatten konstruiert werden. Zum Beispiel ist eine Platte, die aus Quarzkristall parallel zur optischen Achse herausgeschnitten wurde, linear, senkrecht zur Achse zirkular und schräg zur Achse elliptisch. Zirkulare und elliptische Phasenplatten kann man aus vielen anderen Kristallen herstellen, wenn man sie entsprechend herausschneidet.

Man kann sich experimentell davon überzeugen, daß die Kombination zweier linearer $\lambda/2$-Plättchen, die so orientiert sind, daß ihre Achsen einen Winkel von 45° einschließen, genauso wirkt wie ein zirkulares $\lambda/4$-Plättchen. Diese Kombination heißt „transzendente Platte".

Für die Abschätzung der Wirkung der Phasenplatten ist eine Methode bequem und nützlich, die sich auf die Ausnutzung der Poincaré-Kugel stützt. (s. Kap. III). Im

Prinzip ist diese Methode einfach. Zunächst muß man auf der Kugel den Punkt P ermitteln, der die Polarisation des auf die Platte fallenden Strahls bestimmt (Abb. 38). Danach muß man die Drehachse der Kugel und den Drehwinkel bestimmen, der der Wirkung der Phasenplatte auf

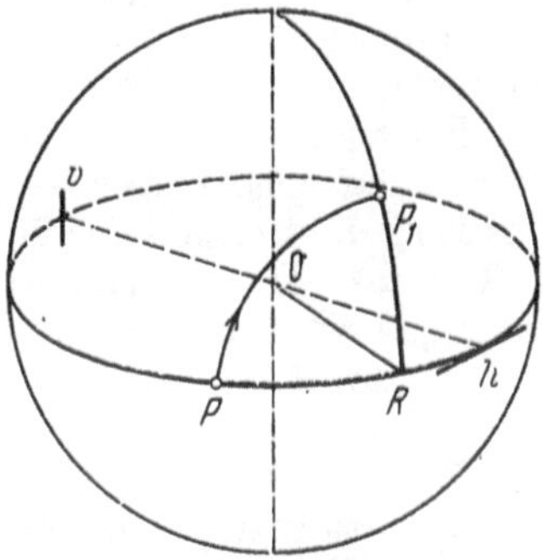

Abb. 38. Anwendung der POINCARÉ-Kugel

den Strahl adäquat ist. Die Rotationsachse ist ein Radius-Vektor, der aus dem Zentrum der Kugel zu dem Punkt R auf dem Äquator gerichtet ist, in dem die Richtung der linearen Polarisation zusammenfällt mit der Richtung der größten Geschwindigkeit (d. h. des kleinsten Brechungskoeffizienten) des Plättchens. Der Drehwinkel der Kugel muß der Phasenverschiebung im Plättchen gleich sein. Die Kugel dreht sich im Uhrzeigersinn für den Beobachter, der sich auf der Verlängerung des Radius-Vektors befindet. Die neue Lage des Punktes P (P_1), bezogen auf die Anfangslage der Kugel, bestimmt die Polarisation des austretenden Strahls.

Die Drehung kann man mit Hilfe eines dreidimensionalen Modells oder stereographischer Projektionen darstellen. Oft ist für die qualitative Lösung der Aufgabe eine schematische Zeichnung ausreichend.

Betrachten wir das uns schon bekannte Beispiel. Der elektrische Feldstärkevcktor des linear polarisierten einfallenden Lichtes ist unter einem Winkel von 45° zur Achse der größten Geschwindigkeit des linearen $\lambda/4$-Plättchens gerichtet. Das bedeutet, daß um den Äquator der Winkelabstand zwischen den Punkten P und R 90° beträgt. Der Drehwinkel der Kugel muß ebenfalls gleich 90° sein ($\pi/2$, was $\lambda/4$ entspricht). Man kann sich leicht vorstellen, daß nach der Drehung der Punkt P_1 mit dem Pol zusammenfällt. Folglich wandelt das Plättchen linear polarisiertes Licht in zirkular polarisiertes um.

Besonders günstig ist die Methode der POINCARÉ-Kugel, wenn man das Resultat der aufeinanderfolgenden Wirkung einiger Phasenplättchen auf den Strahl einschätzen muß; z. B. im Fall von drei Plättchen muß man nacheinander die Drehung der Kugel um drei Radius-Vektoren R_1, R_2, R_3 ausführen. Das ermöglicht es, die Polarisation des austretenden Strahls P_3 zu bestimmen, ohne die Zwischenstrahlen P_1' und P_2 im Einzelnen zu betrachten.

Andererseits hilft die POINCARE-Kugel, umgekehrte Aufgaben zu lösen, zu bestimmen, mit welchen Plättchen man eine gegebene Polarisation des Strahls in eine andere, ebenfalls gegebene Polarisation verwandeln kann.

Weiter oben wurde über die natürliche Doppelbrechung gesprochen, über eine Erscheinung, die von den natürlichen Eigenschaften der verwendeten Stoffe bestimmt wird. Man kann die Doppelbrechung allerdings auch künstlich hervorrufen. Tatsächlich liegt die Ursache der Doppelbrechung der Kristalle in ihrer Anisotropie. Deshalb ist zu erwarten, daß auch nicht kristalline Körper (flüssige oder amorphe), in denen anisotrope Eigenschaften künstlich geschaffen wurden, auch in einem gewissen Grade doppelbrechend sein müssen. Weiter oben wurde bereits das Beispiel der gestreckten polymeren Folien angeführt. Im allgemeinen sind solche Stoffe ihren Eigenschaften nach völlig analog den Stoffen, in denen polarisierte Lumineszenz bei isotroper Anregung beobachtet wird.

Die Anisotropie der durchsichtigen amorphen Körper

z. B. der Gläser) kann durch mechanische Deformation (Kompression, Dehnung usw.) geschaffen werden. Tatsächlich hellen solche Gläser, zwischen gekreuzten NICOLschen Prismen angeordnet, das Feld auf, wobei das beobachtete Bild eindeutig mit der Verteilung der Deformation im Glas verbunden ist.

Im Flüssigkeitsstrom entsteht die optische Anisotropie infolge zweier Ursachen: der Orientierung der Teilchen und ihrer Streckung. Dabei muß die Strömungsgeschwindigkeit ungleichmäßig sein, sonst würde sich die Flüssigkeit als Ganzes verschieben und keine Deformation in ihr auftreten. Die Doppelbrechung des Lichtes im Flüssigkeitsstrom wird MAXWELL-Effekt genannt. Ihr sind zahlreiche experimentelle und theoretische Untersuchungen gewidmet. Die relative Rolle der Orientierung und Streckung der Teilchen ist in verschiedenen Flüssigkeiten unterschiedlich und hängt von den Eigenschaften und der Struktur der Moleküle ab. So spielt im Fall der langen, stäbchenförmigen Moleküle der Orientierungseffekt die Hauptrolle. Dagegen hat für kugelförmige Teilchen die Streckung (der fotoelastische Effekt) die größere Bedeutung.

Quasikristalline Eigenschaften, geordnete und orientierte Lage der Moleküle, besitzen viele elementare biologische Objekte: Fasern, einzelne Teile der Zelle, Chloroplaste usw. Anscheinend ist das eine der fundamentalen Eigenschaften des lebenden Organismus. Ihre Struktur ist komplizierter als die kristalline. Sie läßt sich nicht auf einfache Periodizität zurückführen. Es existieren Strukturen, die in sich andere Strukturen als Elemente enthalten. In der Regel ist die Folge eine komplizierte Anisotropie und damit ein kompliziertes Bild der Doppelbrechung, die sich im Prozeß der Wirkung dieser Strukturen zeitlich ändert und in verschiedenen Teilen dieser Strukturen unterschiedlich ist.

Die optische Anisotropie in durchsichtigen isotropen Stoffen (z. B. Flüssigkeiten) kann auch durch elektrische oder magnetische Felder verursacht werden. Das elektrische Feld orientiert die Moleküle, die ein eigenes Dipolmoment besitzen, in eine bevorzugte Richtung. Eine vollständige Orientierung wird jedoch nicht erreicht, weil immer ein entgegengesetzter Einfluß vorhanden ist, nämlich die chaotische Wärmebewegung. Deswegen hängt dieser Effekt stark von der Temperatur ab. Die Doppelbrechung der Flüssigkeiten im elektrischen Feld wird KERR-Effekt genannt. Seine Größe ist in verschiedenen Flüssigkeiten unterschiedlich. Sehr viele Flüssigkeiten weisen den KERR-Effekt überhaupt nicht auf, Nitrobenzol ist eine der wirksamsten Flüssigkeiten.

Wenn die Glasküvette K, die mit Nitrobenzol gefüllt ist, zwischen den gekreuzten NICOLschen Prismen N_1 und N_2 (Abb. 39) liegt und mit Hilfe der Elektroden ein

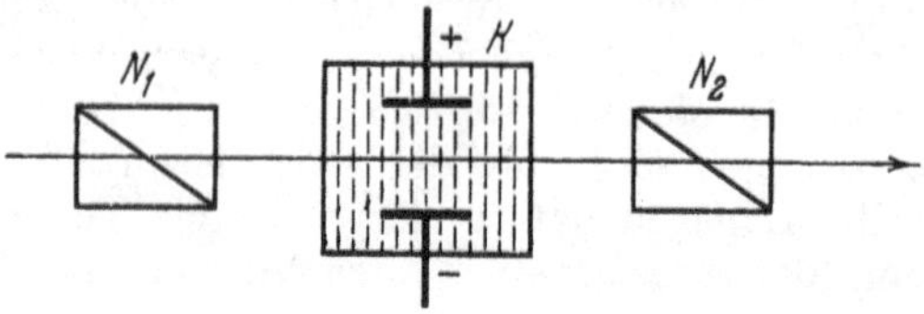

Abb. 39. Versuchsschema für den KERR-Effekt

elektrisches Feld in ihr angelegt wird, dann tritt eine Aufhellung ein. Diese wird am größten, wenn die Richtung des elektrischen Feldes den Winkel 45° mit den Hauptflächen der NICOLschen Prismen bildet. Beim Ausschalten des Feldes verdunkelt sich das Gesichtsfeld wieder. Nitrobenzol verhält sich im elektrischen Feld wie eine Phasenplatte, weil sich darin infolge der hervorgerufenen Anisotropie die Lichtwellen mit den elektrischen Feldstärkevektoren parallel und senkrecht zum angelegten Feld mit verschiedener Geschwindigkeit ausbreiten. Zwischen ihnen entsteht ein Gangunterschied, dessen Größe proportional dem Quadrat der Feldstärke ist (folglich hängt sie nicht von der Richtung der letzteren ab), $\Delta n = kE^2$ (k: KERR-Konstante). Deshalb ist der linear polarisierte Strahl nach dem Durchgang durch die Küvette im allgemeinen elliptisch polarisiert und durchläuft teilweise das zweite NICOLsche Prisma — den Analysator.

Eine sehr wichtige Besonderheit des Effektes besteht darin, daß er praktisch trägheitslos ist — das Auftreten und das Verschwinden der Doppelbrechung gehen beim Ein- und Ausschalten des Feldes innerhalb von 10^{-9} bis 10^{-10} Sekunden vor sich. Darauf beruhen wichtige Anwendungen in Wissenschaft und Technik, über die im Kap. X gesprochen wird.

Einen analogen Effekt beobachtet man auch in Kristallen, z. B. kann in einem elektrischen Feld ein kubischer Kristall doppelbrechend werden, während im einachsigen Kristall die Doppelbrechung entlang der optischen Achse auftreten kann. In einigen Kristallen entsteht ein Gangunterschied, genau wie in Flüssigkeiten, der proportional dem Quadrat der Feldstärke ist (in diesen Fällen spricht man vom KERR-Effekt), in anderen Kristallen ist er proportional der Feldstärke (POCKELS-Effekt) — dies hängt vom Aufbau des jeweiligen Kristallgitters ab. Für praktische Zwecke ist ein Kristall bequemer als eine Flüssigkeit, da hier Temperaturschwankungen nicht so starke Auswirkungen haben und sie ein stabileres Arbeiten gewährleisten.

Analog ist es möglich, eine künstliche Anisotropie auch mit Hilfe eines Magnetfeldes zu schaffen. Wenn anisotrope Moleküle (im Medium haben sie eine beliebige Lage) ein festes magnetisches Moment haben, werden sie beim Anlegen eines starken Magnetfeldes in bestimmter Weise gegenüber dem äußeren Feld orientiert. Es entsteht Doppelbrechung. Die Erscheinung wird nach dem Namen der Entdecker COTTON-MOUTON-Effekt genannt.

Der entstehende Gangunterschied ist proportional dem Quadrat der Stärke des magnetischen Feldes. Dieser Effekt ist um vieles geringer als der KERR-Effekt und wird deshalb für wissenschaftliche und technische Zwecke viel seltener verwendet.

3. Dichroismus und Drehung der Polarisationsebene

Der Ausdruck „Dichroismus“ bedeutet die Abhängigkeit der Lichtabsorption durch einen gegebenen Körper von der Polarisation des Lichtes. Die Herkunft des Ausdrucks ist damit verbunden, daß die Erscheinung selbst von der Wellenlänge des absorbierten Lichtes abhängt (d. h. eine Dispersion besitzt). Deshalb erscheint der Körper in verschiedenen Richtungen unterschiedlich gefärbt. Es ist leicht zu verstehen, daß die Abhängigkeit der Absorption von der Polarisation auch eine Abhängigkeit von der Richtung des Lichtes zur Folge hat. Von diesem Standpunkt aus paßt der seltener gebrauchte Ausdruck „Pleochroismus“ (Vielfarbigkeit) besser als „Dichroismus“ (Zweifarbigkeit).

Beide Ausdrücke sind nicht besonders glücklich gewählt, da sie erstens auf keinerlei Weise das physikalische Wesen der Erscheinung widerspiegeln und zweitens nicht eindeutig sind, denn sie besitzen keine Beziehung zur Polarisation, sondern sind mit der Farbänderung verbunden; Erscheinungen wie z. B. die Abhängigkeit der Farbe einer Lösung von ihrer Konzentration usw. heißen auch Dichroismus oder Dichromatismus.

Aber man kann die Wörter nicht aus dem Gebrauch verbannen — der Ausdruck „Dichroismus“ im anfangs erläuterten Sinne hat sich in der Literatur anscheinend endgültig eingebürgert.

Die Ursache des Dichroismus — der anisotropen Absorption — besteht in der anisotropen Struktur des absorbierenden Körpers. Man muß deshalb erwarten, daß in diesem oder jenem Grade doppelbrechende Medien diese Eigenschaft besitzen. Der Versuch zeigt, daß es so ist. Zuerst wurde aber Dichroismus an Einkristallen des Halbedelsteins Turmalin zu Beginn des 19. Jh. entdeckt. Der einachsige Turmalin besitzt Doppelbrechung, und außerdem wird einer der gebrochenen Strahlen (der ordentliche) stark absorbiert. Demzufolge läßt sogar ein dünnes Turmalinplättchen, wenn darauf ein Strahl natürlichen Lichtes fällt, linear polarisiertes Licht durch.

Formal kann man den Dichroismus der Kristalle (in vollständiger Analogie zur Doppelbrechung) mit Hilfe der Indikatrix der anisotropen Absorption beschreiben. Sie sind im allgemeinen dreiachsige Ellipsoide. Die Achse eines beliebigen elliptischen Schnittes drückt den Absorptionskoeffizienten des Lichtes aus, das sich normal zu diesem Schnitt ausbreitet und parallel zu dieser Achse polarisiert ist. Offensichtlich werden zwei kreisförmige Schnitte vorhanden sein, zu deren Normalen der Dichroismus fehlt. Analog zu den optischen Achsen werden diese Richtungen als monochroide Achsen bezeichnet.

Wenn die Indikatrix ein Rotationsellipsoid darstellt, dann werden die beiden kreisförmigen Schnitte zu einem vereint. Somit können die Kristalle hinsichtlich des Dichroismus als auch hinsichtlich der Doppelbrechung zwei- oder einachsig sein.

Dichroismus weisen nicht nur Kristalle auf, sondern auch zahlreiche nichtkristalline Körper mit natürlicher oder künstlich erzeugter Anisotropie. Die einzelnen Moleküle des Stoffes, insbesondere kompliziertere Moleküle, sind in der Regel anisotrop, im Gegensatz zu den Atomen in denen die Elektronenhüllen eine annähernd kugelförmige Gestalt haben. Deshalb sind die Atome isotrop und lassen sich folglich nicht orientieren. Einen anisotropen Körper (Kristall) kann man aus ihnen herstellen, wenn man ihn mit unterschiedlicher Periodizität in verschiedenen kristallographischen Richtungen anordnet. Eine solche Anordnung kennzeichnet auch alle Systeme atomarer Kristalle und Ionenkristalle außer den kubischen isotropen.

In den Molekülen jedoch verschieben sich die Elektronen in verschiedenen Richtungen unter Einwirkung des elektrischen Feldes der zu absorbierenden Lichtwelle unterschiedlich. Zum Beispiel wird bei organischen Molekülen mit langen Ketten konjugierter π-Elektronen (über die bereits im Zusammenhang mit der polarisierten Lumineszenz gesprochen wurde) die Lichtwelle, die längs der konjugierten Bindungen polarisiert ist, bedeutend stärker absorbiert werden als eine Welle, die senkrecht polarisiert ist. Ein typisches Beispiel für solche Verbindungen sind die Diphenyl-Polyene

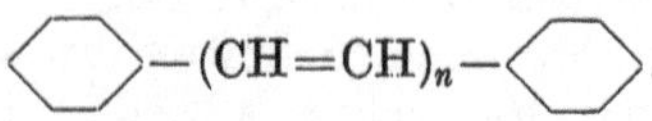

Somit kann man sagen, daß der Absorptionsoszillator im Molekül in Richtung der Kette der π-Elektronen orientiert ist.

Wenn ein Molekül fluoreszieren kann, dann wird sein Strahlungsoszillator ebenso gerichtet sein. Es ist jedoch offensichtlich, daß ein Stoff, der aus solchen Molekülen besteht, als Ganzes keinen Dichroismus besitzt, wenn die Moleküle darin nicht gerichtet sind und ihre Oszillatoren nach den verschiedenen Richtungen chaotisch orientiert sind. Solche Stoffe sind Flüssigkeiten, Moleküldämpfe und amorphe glasartige Körper.

Dichroismus tritt auf, wenn man auf irgendeine Weise in irgendeiner Richtung alle oder einen bedeutenden Teil der Moleküle orientiert. Dafür sind dieselben Methoden geeignet, die auch bei der Entstehung der spontanen Polarisation der Lumineszenz verwendet werden (Molekülkristalle, gestreckte Folien, Orientierung in einer Strömung u. a.). Das ist auch verständlich, da es sich hinsichtlich ihres physikalischen Mechanismus um sehr ähnliche Eigenschaften handelt. Diese Methoden wurden bereits in Kap. IV beschrieben. Hier wollen wir uns nicht wiederholen, sondern nur einige spezifische Erscheinungen angeben sowie die Orientierungsmethoden, die praktische Anwendung gefunden haben.

Molekülkristalle besitzen sowohl teilweise polarisierte Lumineszenz als auch einen bestimmten Grad des Dichroismus. Die Größe $D = (k_{\parallel} - k_{\perp})/(k_{\parallel} + k_{\perp})$ heißt Grad des Dichroismus, wobei $k_{\parallel}$ und $k_{\perp}$ die Absorptionskoeffizienten von zueinander senkrecht polarisiertem Licht sind. (gewöhnlich ist $k_{\parallel}$ der Koeffizient für die

Polarisationsrichtung maximaler, $k_{\perp}$ für die minimaler Absorption)

Der teilweise Dichroismus von Molekülkristallen erklärt sich wie auch die teilweise Polarisation der Lumineszenz dadurch, daß die Moleküle in diesen Kristallen nicht alle gleich gerichtet sind, sondern einige (oft 2) Arten der Orientierung besitzen. Jedoch werden im Absorptionsspektrum der Molekülkristalle auch solche Bänder gefunden, die einen 100%igen Dichroismus besitzen, wobei der elektrische Feldstärkevektor des absorbierten Lichtes in eine der kristallographischen Achsen gerichtet ist. Derartige Bänder treten selten auf, auch sind sie nur mit den Kristallen verbunden, sie treten aber nicht bei diesen Molekülen in Lösungen oder Dämpfen auf. Es sind Absorptionsbanden, die nicht zu den einzelnen Molekülen gehören, sondern zum Kristall als Ganzem, weil ihre Polarisation auch durch die Symmetrie des ganzen Kristalls bestimmt wird und nicht allein durch die Orientierung der Moleküle in seinem Gitter. Dieses ist ein sehr interessantes Ergebnis, das anschaulich zeigt, wie prinzipiell neue Eigenschaften in der Kristallphase entstehen, die nicht bei den einzelnen Elementen (Molekülen), aus denen der Kristall besteht, auftreten. Kollektive Anregungszustände des Kristalls, die bei einer solchen Absorption des Lichtes entstehen, erhielten den Namen Exzitonen. Sie sind von großem Interesse für die gegenwärtige Forschung in der Festkörperphysik.

Der Excitonen-Dichroismus der Kristalle stellt auf diese Weise einen spezifischen Typ des Dichroismus dar. Er tritt sogar in Schichten einiger polymerer Farbstoffe (Pseudoisozyanine) auf, die man als eindimensionale (lineare) Molekülkristalle auffassen kann. In solchen Polymeren wird das Licht absorbiert, das längs der Polymerisationsachse polarisiert ist.

Der Erscheinung der teilweisen Polarisation der Lumineszenz isotroper Medien (z. B. flüssiger Lösungen) bei der Anregung durch polarisiertes Licht ist in einem bestimmten Grade eine Erscheinung analog, die Fotodichroismus genannt wird. Sie besteht darin, daß im isotropen Medium Dichroismus durch vorherige Einwirkung polarisierten Lichtes auf diese Substanz entsteht; das Licht ruft gewisse fotochemische Umwandlungen der Moleküle des Stoffes und damit verbundene Änderungen ihrer Absorptionskoeffizienten hervor. Dieses polarisierte Licht wird vorwiegend Moleküle bestimmter Orientierung aus dem „Gefüge“ bringen, was auch zur Erscheinung der Anisotropie für die folgende Absorption des Lichtes führt.

Der Dichroismus wird in der Praxis für die Erzeugung linear polarisierten Lichtes aus natürlichem benutzt.

Als Beispiel der dichroiden Polarisation können monokristalline Plättchen aus dem bereits erwähnten Turmalin dienen. Im vorigen Jahrhundert wurden sie bei vielen Untersuchungen angewandt und spielten eine Rolle bei der Entdeckung einer Reihe von Polarisationserscheinungen. Jedoch eine breite Anwendung, besonders in der Praxis, konnten solche Monokristalle infolge ihrer Seltenheit und ihrer zu hohen Kosten nicht finden, auch auf Grund gewisser Mängel, wie ein schmaler Spektralbereich der Durchlässigkeit und einiger anderer.

Trotzdem waren es vor allem dichroide Polarisatoren, die dem polarisierten Licht zu einer breiten Anwendung in der Praxis und experimentellen Forschung verhalfen. Aber das waren keine Einkristalle, sondern anisotrope Folien, die mit anisotropen Molekülen oder Mikrokristallen aktiviert waren, sogenannten Polarisationsfolien, die erstmals in den zwanziger Jahren unseres Jahrhunderts entwickelt wurden.

Wenn poloymere Folien, die aus äußerst langen, linearen, gestreckten Makromolekülen des Polymers bestehen, im erwärmten und erweichten Zustand einer starken mechanischen Ausdehnung in bestimmter Richtung unterworfen werden, dann orientieren sich die polymeren Moleküle mit ihren langen Achsen entlang der Verstreckungsrichtung, und die Folie wird somit anisotrop. Mit dieser Methode gelingt es, eine sehr hohe, fast 100%ige Anisotropie zu erhalten. Wenn dabei im Polymer ein Stoff aufgelöst ist, dessen Moleküle der Form nach anisotrop sind (am besten ist es, wenn sie auch linear sind) und einen hohen Dichroismus besitzen, dann orientiert eine regelmäßige, orientierte Matrix der Makromoleküle des Polymers, die bei der Ausrichtung gebildet wird, auch diese beigemischten Moleküle. So bilden sie ein dichroides makroskopisches System. Die Folie wird zum Polarisator des Lichtes.

Auf diesem Wege produziert man Polarisationsfolien hoher Qualität (bis zu 99,99%iger Polarisation des durchgedrungenen Lichtes) und ziemlich großen Ausmaßes, was besonders wichtig ist für die zahlreichen praktischen Anwendungen, über die in Kap. X gesprochen wird.

Die Richtung des Absorptionsoszillators kann auch mit der Längsachse des Moleküls nicht übereinstimmen. In einer Reihe von Fällen sind diese Richtungen zueinander senkrecht. Entsprechend kann der elektrische Feldstärkevektor des durchgelassenen Lichtes längs der Streckungsachse der Folie oder senkrecht zu ihr in Abhängigkeit von der Struktur und den Eigenschaften der Moleküle des Aktivierungsmittels liegen. Meistens verwendet man für die Herstellung von Polarisationsfolien ein Polymer, den sogenannten Polyvinylalkohol. Die Streckung wird z. B. mit Hilfe von ziehenden Wellen verwirklicht, die sich mit verschiedenen Geschwindigkeiten drehen. Für die Aktivierung werden unterschiedliche Stoffe und verschiedene Aktivierungsmethoden verwendet. Wir werden kurz über einige Typen von Polarisationsfolien sprechen.

Die Polarisationsfolien, die mit dem Symbol H bezeichnet werden, werden in gesättigter wäßriger Jodlösung aus Jod-durchtränkten, gedehnten Folien von Polyvinylalkohol hergestellt. In der Folie bilden sich lange Ketten der polymeren dichroiden Moleküle einer komplexen Verbindung von Polyvinylalkohol und Jod. Diese Polarisationsfolien verfügen über eine gute Durchlässigkeit und eine hohe Polarisationswirkung im Spektralbereich von 5000 bis 7000 Å, jedoch nimmt im kurzwelligen Bereich des sichtbaren Spektrums der Polarisationsgrad des durchgelassenen Lichtes ab. Die Ursache hierfür liegt in der Abnahme des Dichroismus der Komplexe in diesem Bereich. Man muß beachten, daß jeder dichroide Stoff ein eigenes Spektrum des Dichroismus besitzt und man für die Polarisationsfolien, die für die Arbeit in einem bestimmten Spektralbereich vorgesehen sind, Aktivatoren mit entsprechendem Spektrum auswählen muß.

Das Herstellungsverfahren für Polarisationsfolien vom K-Typ besteht nicht in einer Anlagerung, sondern in der Abspaltung einiger Atome Polyvinylalkohol durch katalytische Hydrierung. Somit wandelt sich ein Teil des Polyvinylalkohols in dichroides Polyvinylen um, das nicht nur im sichtbaren, sondern auch im ultravioletten Bereich absorbieren kann. Entsprechend breit ist auch der Spektralbereich, in dem sie als Polarisationsfolien fungieren können.

Zum Schutz und zum bequemen Arbeiten werden die polymeren Polarisationsfolien gewöhnlich zwischen zwei Schutzplättchen aus Glas oder isotroper Plaste angeordnet.

Häufig werden auch für die Herstellung von Polarisationsfolien verschiedene organische Farbstoffe verwendet, deren dichroide Moleküle in gestreckten Folien von Polyvinylalkohol, Zellophan und anderen Polymeren orientiert werden. Das sind Polarisationsfolien vom L-Typ, deren Qualität jedoch gewöhnlich niedriger als bei H- und K-Polarisationsfolien ist. Erstens liefern sie keine so hohe Polarisation des durchgehenden Lichtes, und zweitens besitzen sie nicht immer eine genügende Lichtbeständigkeit. Andererseits bieten dichroide Farbstoffe und insbesondere ihre Verbindungen große Möglichkeiten für die Herstellung von chromatischen Polarisationsfolien für bestimmte, sogar ziemlich enge Spektralbereiche.

Anstelle der dichroiden Moleküle können für die Orientierung in Polarisationsfolien auch dichroide anisotrope Mikrokristalle verwendet werden. Das Züchten großer homogener Kristalle von hoher Qualität ist eine komplizierte und arbeitsaufwendige Aufgabe. Die Mikrokristalle von vielen Substanzen kann man leicht herstellen, beispielsweise durch Fällen aus einer Lösung. Langgestreckte, nadelförmige Mikrokristalle mit Dichroismus können auch in polymeren Folien bei mechanischer Streckung mit Erfolg orientiert werden. Die für diesen Zweck am häufigsten verwendete Substanz ist Herapathit (Chininjodosulfat). Seine Kristalle sind nadelförmig, die Achse mit der größten Absorption stimmt mit der Achse der Nadel überein. Bei ihrer Orientierung in der zu streckenden Folie, z. B. in Zelluloseazetat, werden die Nadeln längs der Streckachse der Folie orientiert, und folglich steht der elektrische Feldstärkevektor des vom Polaroid durchgelassenen Lichtes senkrecht zur Streckrichtung. Solche Polarisationsfolien bezeichnet man mit dem Symbol J. Außer Herapathit verwendet man auch Mikrokristalle einiger anderer Substanzen, z. B. von Dibenzolakridin.

Die Streckung polymerer Folien ist nicht das einzige Verfahren für die Orientierung von dichroiden Molekülen oder Mikrokristallen. In der Praxis verwendet man z. B. auch die anisotrope Adsorption an der Oberfläche von Glas oder Plasten. Die bevorzugte Richtung an der Oberfläche wird durch vorhergehendes Reiben mittels Papier oder Stoff erzeugt.

Zweifellos werden weitere Versuche auch zur Herstellung neuer Polarisatortypen mit vorgegebenen Eigenschaften führen.

Wir betonen, daß nur die Polarisationsfolien billige und serienmäßig herzustellende Polarisatortypen sind und ihnen hauptsächlich viele praktische Anwendungen der Lichtpolarisation zu verdanken sind.

Bisher wurde der lineare Dichroismus besprochen, d. h. die unterschiedliche Absorption des Lichtes mit unterschiedlicher linearer Polarisation. Es gibt auch Medien mit zirkularem Dichroismus, d.h., die unterschiedlich rechtszirkular und linkszirkular polarisiertes Licht absorbieren. Diese Erscheinung wurde erstmals von Cotton entdeckt.

Analog haben Stoffe mit zirkularer Doppelbrechung auch einen zirkularen Dichroismus, genauso wie die lineare

Doppelbrechung des Lichtes und der lineare Dichroismus bei ein und denselben Medien anzutreffen ist. Im vorhergehenden Paragraphen wurde nachgewiesen, daß die zirkulare Doppelbrechung hinsichtlich ihrer Ergebnisse identisch ist mit der Drehung der Polarisationsebene. Somit ist der zirkulare Dichroismus eine Eigenschaft von Stoffen, die gleichzeitig eine natürliche optische Aktivität besitzen.

Die Drehung der Polarisationsebene stellt auch eine Änderung der Form der Lichtpolarisation beim Durchgang durch den Stoff dar, und deshalb bezieht sich diese Erscheinung direkt auf den Gegenstand des vorliegenden Kapitels.

Natürliche optische Aktivität besitzen sehr viele Körper: Kristalle (z. B. Quarz), reine Flüssigkeiten (Terpentin), Lösungen (ein allgemein bekanntes Beispiel ist eine wäßrige Zuckerlösung). Besonders zahlreich sind natürliche aktive Substanzen unter den organischen Verbindungen anzutreffen. Stoffe, die die Polarisationsebene in Lösungen und amorphen Medien drehen, bewahren diese Fähigkeit auch immer im kristallinen Zustand. Interessanter ist der Fall, wenn die Aktivität nur im Kristall auftritt und die Moleküle dieser Verbindung diese Eigenschaft in einer Lösung z. B. nicht haben. Hier ist die Aktivität eine spezifisch kollektive Eigenschaft des Kristalls.

Der Drehwinkel der Polarisationsebene hängt von der Wellenlänge des Lichtes ab; mit anderen Worten, die Drehung besitzt Dispersion. Außerdem ist, wie auch zu erwarten war, dieser Winkel direkt proportional der Schichtdicke des Stoffes und bei Lösungen auch deren Konzentration.

Wenn die Aktivität nicht allzu gering ist, dann läßt sich der Drehwinkel an einer sehr einfachen Vorrichtung messen (Abb. 40). Wenn zwischen die gekreuzten Nicolschen Prismen N_1 und N_2 ein aktiver Stoff A gebracht wird, dann hellt er das Gesichtsfeld auf. Um eine erneute Verdunkelung zu erreichen, muß man den Analysator um den Winkel φ drehen, der dem Drehwinkel der Polarisationsebene P durch den Stoff A entspricht. Somit kann man sich leicht davon überzeugen, daß ein Quarzkristallplättchen von 1 mm Dicke, das senkrecht zur optischen Achse ausgeschnitten ist (so daß der Strahl längs der optischen Achse verläuft und eine lineare Doppelbrechung ausgeschlossen ist), die Polarisationsebene des roten Lichtes um 15°, des grünen um 27° und des violetten um 51°

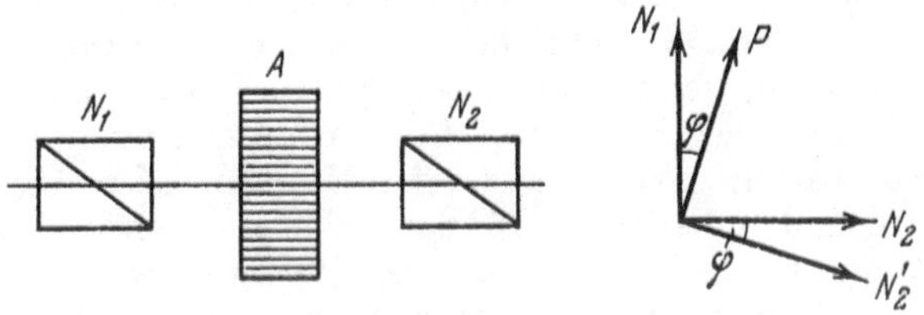

Abb. 40. Einfacher Aufbau für die Messung des Drehwinkels der Polarisationsebene

dreht. Jedoch lassen sich kleine Drehwinkel mittels dieses einfachen Verfahrens nicht messen. Es gibt eine empfindliche Spezialapparatur, mit der man den Drehwinkel mit äußerster Genauigkeit bis zu 0,001° messen kann.

Die Drehrichtung ändert sich bei Änderung der Richtung des Lichtstrahls. Die Drehrichtung wird normalerweise bestimmt für den Beobachter, der dem Strahl entgegensieht: Rechtsdrehung im Uhrzeigersinn, Linksdrehung entgegen dem Uhrzeigersinn. Die Versuche mit Quarz haben gezeigt, daß es zwei Modifikationen des Quarzes gibt, eine mit Rechts- und eine mit Linksdrehung. Ferner wurde festgestellt, daß das für alle natürlich aktiven Kristalle und allgemein für natürlich aktive Medien gilt. Für Kristalle wurde dabei direkt beobachtet, daß der Rechts- und Linksdrehung enantiomorphe Formen der Einkristalle entsprechen, d. h. solche Formen, die durch Spiegelung ineinander umgewandelt werden können. Natürlich kann man das gleiche auf die Moleküle von Stoffen übertragen, die im amorphen oder flüssigen Zustand aktiv sind. Daraus folgt, daß die Disymmetrie der Moleküle und Kristalle bei den Ursachen für die natürliche Aktivität eine wichtige Rolle spielt. Wenn man ein Medium, z. B. ein flüssiges, zu 50% aus einer rechtsdrehenden Form und zu 50% aus einer linksdrehenden Form zusammensetzt, dann kann das erhaltene Gemisch die Polarisationsebene nicht drehen. Solche Gemische heißen Razemate.

Eine genaue Untersuchung über den Einfluß der Disymmetrie der Moleküle auf die optische Aktivität hat gezeigt, daß das Molekül die Polarisationsebene nur dann drehen kann, wenn es weder ein Symmetriezentrum noch eine Symmetrieebene besitzt. Es kann nur eine Symmetrieachse besitzen. Weiter kann das Molekül auf rechtszirkulare und linkszirkulare Polarisation nur mittels eines bestimmten Mechanismus unterschiedlich einwirken, der die verschiedenen Wellenphasen in verschiedenen Punkten des Moleküls aufnimmt. Bei den meisten optischen Erscheinungen kann man die Größe der Atome und Moleküle vernachlässigen, da sie etwa 0,001 der Wellenlänge des Lichtes betragen. Bei optischer Aktivität ist das nicht möglich. Das zeigt, wie ungeheuer empfindlich die natürliche Aktivität gegenüber der Molekularstruktur ist, und zwar ist sie bedeutend empfindlicher als alle anderen optischen Erscheinungen.

Die optische Aktivität läßt sich ziemlich anschaulich mit Hilfe des sogenannten Doppeloszillatormodells der Moleküle beschreiben (Abb. 41). Dieses Modell besteht aus zwei miteinander verbundenen Elektronenoszillatoren O_1 und O_2, die sich in einem bestimmten Abstand d befinden und senkrecht aufeinander stehen. Die rechtsdrehende und linksdrehende zirkulare Welle wirkt auf dieses Modell unterschiedlich ein. Zum Beispiel verschiebt die rechte beide Elektronen in positiver Richtung, während die linke ein Elektron in positiver, das andere in negativer Richtung verschiebt. Da zwischen den Elektronen eine Verbindung besteht, verbrauchen diese Wellen unterschiedliche Energie und breiten sich in einem Medium, das aus solchen Molekülen gebildet ist, mit unterschiedlicher Geschwindigkeit aus. Somit entsteht eine zirkulare

Doppelbrechung, deren Ergebnis auch die Drehung der ursprünglichen Polarisationsebene ist.

In Kristallen mit natürlicher optischer Aktivität, die jedoch aus nicht aktiven Molekülen aufgebaut sind, kann ein solches hinreichend langes System verbundener Oszillatoren aus linearen Oszillatoren einzelner Moleküle gebildet werden. Benachbarte Moleküle im Gitter des Molekülkristalls haben in der Regel verschiedene Orientierungen (s. Kap. IV), und zwischen ihnen besteht eine bestimmte Wechselwirkung (diese Wechselwirkungskräfte ermöglichen auch die Existenz des Kristalls selbst).

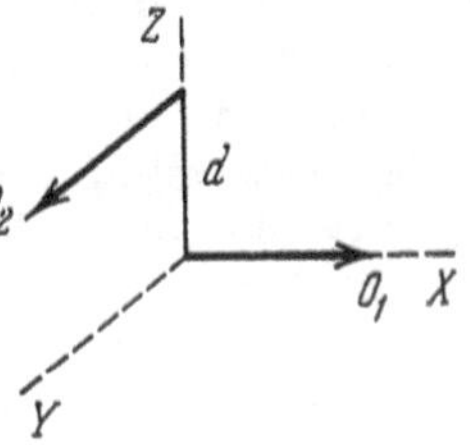

Abb. 41. Doppeloszillatormodell

Die Besonderheiten des Kristallaufbaus, die das Auftreten der optischen Aktivität verursachen, lassen sich durch folgenden anschaulichen Versuch darstellen. Wenn man eine große Anzahl dünner Glimmerplättchen so übereinanderlegt, daß bei jedem folgenden Plättchen der Hauptschnitt um einen bestimmten Winkel im Vergleich zum vorhergehenden Plättchen gedreht ist (jedesmal nach rechts oder jedesmal nach links), dann wird ein solcher Stapel die Polarisationsfläche entweder nach links oder nach rechts drehen.

Die natürliche optische Aktivität ist eine empfindliche Untersuchungsmethode für den Bau der Moleküle und Kristalle (s. Kap. VIII) und findet häufige Anwendung (Kap. X).

Bereits in der Mitte des 19. Jahrhunderts stellte Faraday eine interessante Erscheinung fest, die nach ihm benannt wurde, nämlich die Drehung der Polarisationsebene in nicht aktiven Substanzen, die sich in einem Magnetfeld befinden. Die Strahlenrichtung muß dabei mit der Richtung des Magnetfeldes übereinstimmen. Der Drehwinkel ist der magnetischen Feldstärke und der Weglänge des Lichtes im Stoff proportional. Die Drehrichtung hängt im Gegensatz zur natürlichen Aktivität nicht von der Ausbreitungsrichtung des Lichtes ab. Die Drehung ist bei verschiedenen Körpern unterschiedlich. In Ferromagnetika (bei denen man die Versuche nur mit sehr dünnen, durchsichtigen Schichten durchführen kann) ist sie sehr groß, in Gasen dagegen sehr klein. Die Unabhängigkeit der Drehrichtung von der Ausbreitungsrichtung des Lichtes gestattet es, den Drehwinkel durch Vielfachreflexion an den Innenflächen des Stoffes zu erhöhen. Dieses entspricht einer bedeutenden Vergrößerung der Schichtdicke.

Das Wesen des FARADAY-Effekts ist eng mit dem ZEEMAN-Effekt verbunden (s. Kap. IV). Unter dem Einfluß des Magnetfeldes spalten sich die Frequenzen der Eigenschwingungen im Stoff, die rechts- und linkszirkularer Polarisation entsprechen (σ-Komponenten) auf. Das führt zu unterschiedlichen Brechungsindizes, d. h. zur zirkularen Doppelbrechung, wodurch auch eine Drehung der Polarisationsebene im Magnetfeld bewirkt wird.

4. Polarisation bei der Streuung von Licht

Für ein optisch homogenes Medium ist die geradlinige Ausbreitung des Lichtes charakteristisch, für die ideale ebene Trennfläche zwischen zwei homogenen Medien die Reflexion und Brechung. Ist das Medium jedoch inhomogen, dann tritt bei der Ausbreitung des Lichtes in ihm eine Streuung auf. Unter optischer Homogenität versteht man gleiche Brechzahl in verschiedenen Punkten des Mediums, genauer ausgedrückt, in verschiedenen (sehr kleinen) Volumenelementen des Stoffes. Der Unterschied in den Brechzahlen kann sowohl durch das Auftreten von Fremdpartikelchen größeren oder kleineren Ausmaßes als auch durch eine unterschiedliche Molekülanzahl der reinen

Substanz (Hauptkomponente) im entsprechenden Volumenelement entstehen (durch statistische lokale Dichtefluktationen). Der letztere Fall heißt Molekülstreuung des Lichtes und der erste Streuung in trüben Medien.

Den Unterschied zwischen einem trüben und einem durchsichtigen Medium kann man an folgendem Beispiel erläutern. Bringt man kleine Glassplitter in eine Flüssigkeit, dann wird das Licht an den zahlreichen Begrenzungsflächen Flüssigkeit — Glas in verschiedene Richtungen reflektiert werden. Wenn man die Flüssigkeit jedoch so wählt, daß ihre Brechzahl der Brechzahl von Glas entspricht (hierfür eignet sich gut ein bestimmtes Gemisch aus Benzol und Schwefelkohlenstoff), dann wird das System optisch homogen. An den erwähnten Trennflächen erfolgt keine Streuung des reflektierten Lichtes, weil im optischen Sinn diese Flächen gar nicht existieren. Dieses Verfahren wird übrigens mit Erfolg für die Bestimmung der Brechzahlen formloser Stückchen durchsichtiger Körper, insbesondere von Mineralien, angewendet.

Es gibt sehr viele Beispiele für natürliche trübe Medien — Schwebungen, Suspensionen, Emulsionen — Rauch, Nebel, Milch usw. Ihre Undurchsichtigkeit wird durch die seitliche Lichtstreuung bestimmt.

Ein häufig auftretendes Beispiel für die molekulare Streuung des Lichtes ist die kritische Opaleszenz, d. h. das Auftreten einer intensiven Streuung des Lichtes, eine starke Trübung des homogenen Mediums in der Nähe des kritischen Punktes. Die Ursache ist darin zu sehen, daß die Zahl der lokalen Dichtefluktuation in der Nähe dieses Punktes stark zunimmt.

Im Gegensatz zur Lumineszenz ist die Streuung des Lichtes ein trägheitsloser Prozeß. Sie ist nicht mit der Anregung von Eigenschwingungen (in der Quantensprache — von Eigenniveaus) der Atome und Moleküle verbunden und bewirkt keine Änderung der Wellenlänge und der Phase des gestreuten Lichtes.

Die Intensität des gestreuten Lichtes hängt stark von der Wellenlänge ab. Das kann man folgendermaßen erklären: Das gestreute Licht besteht aus sekundären elektromagnetischen Wellen, die auf Grund erzwungener Schwingungen der Elektronen des Stoffes abgestrahlt werden. Letztere werden durch das elektromagnetische Feld des einfallenden Lichtes angeregt. Die Amplitude dieser Sekundärwellen ist proportional der Geschwindigkeitsänderung der erzwungenen Elektronenbewegung (d. h. der Beschleunigung des Elektrons). Zum besseren Verständnis sei daran erinnert, daß die unveränderte Geschwindigkeit des Elektrons dem Gleichstrom entspricht, während nur elektromagnetische Wechselfelder Wellen ausstrahlen. Die Geschwindigkeit des Elektrons ist der Frequenz seiner Schwingungen proportional (d. h. der Frequenz des einfallenden Lichtes) — je höher die Frequenz ist, um so schneller muß sich das Elektron bewegen. Die Beschleunigung aber ist proportional dem Quadrat der Frequenz. Folglich ist $a \sim \omega^2$ und die Intensität des gestreuten Lichtes $I \sim \omega^4$, d. h. umgekehrt proportional λ^4, was eine sehr starke Wellenlängenabhängigkeit darstellt. Kurzwelliges Licht (blau-violett) wird bedeutend stärker gestreut als langwelliges (rotes). Aus diesem Grunde geht letzteres durch das streuende Medium hindurch.

Eben dadurch erklären sich die blaue Farbe des Himmels und die Rottöne des Morgenrots.

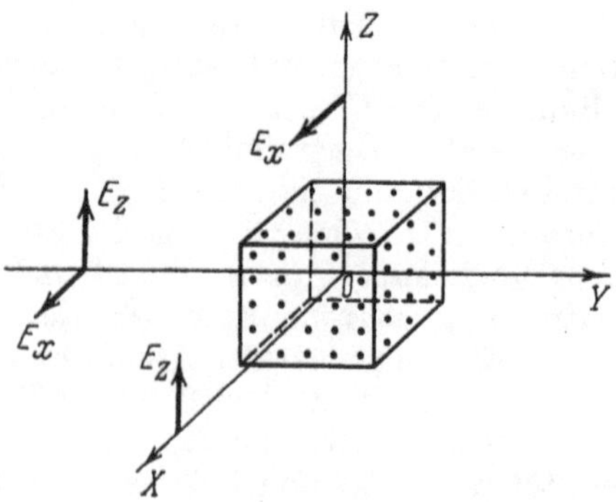

Abb. 42. Polarisation gestreuten Lichtes

Die Dispersion des Lichtes kann als Methode zu seiner Polarisation dienen. Wenn natürliches Licht auf ein streuendes Medium in Richtung OY (Abb. 42) fällt, dann läßt sich bei Beobachtung des gestreuten Lichtes in senkrechter Richtung OX eine vertikale lineare Polarisation feststellen, da die Komponente E_x für die gegebene Richtung als Longitudinalkomponente auftritt und sich nicht in dieser Richtung ausbreiten kann. Analog gilt das auch für die Richtung OZ. Wenn jedoch linear vertikal polarisiertes Licht einfällt, dann wird in Richtung OX wie vordem vertikal linear polarisiertes Licht gestreut werden, und in Richtung OZ tritt keine Dispersion des Lichtes auf.

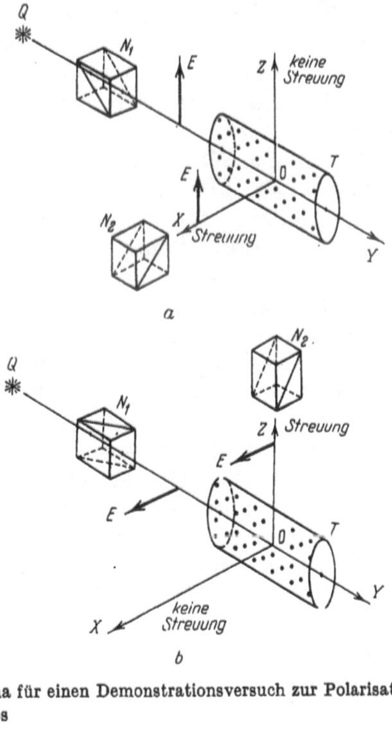

Abb. 43. Schema für einen Demonstrationsversuch zur Polarisation gestreuten Lichtes

Das kann man mit Hilfe eines einfachen Versuches nachweisen. Seine schematische Darstellung ist in Abb. 43 gegeben. Das NICOLsche Prisma N_1 polarisiert das Licht von der Quelle Q linear vertikal (a). Das zylindrische Glasröhrchen enthält eine trübe streuende Flüssigkeit (z. B. Wasser mit einer Suspension kleiner Harzpartikelchen). In Richtung OX kann man das gestreute Licht beobachten und sich durch den Analysator N_2 von seiner linearen vertikalen Polarisation überzeugen, in Richtung OZ kann man kein gestreutes Licht feststellen. Man kann sich leicht vorstellen, wie sich das Versuchsergebnis ändern wird, wenn das NICOL N_1 um 90° um die Achse der Anlage geschwenkt wird (b).

Bedeutend effektvoller wird dieser Versuch, wenn man im Gefäß zusätzlich etwas Zucker auflöst. Der Zucker in der Lösung dreht die Polarisationsebene stark. Das beim Eintritt in das Röhrchen vertikal polarisierte Licht wird in einer bestimmten Tiefe horizontal polarisiert und demnach hier nicht entlang OX gestreut. Die hellen Streifen werden für einen Beobachter entlang des Röhrchens mit dunklen abwechseln. Da jedoch die Drehung der Polarisationsebene eine Dispersion besitzt, so werden die hellen Streifen für die verschiedenen Farben in unterschiedlicher Tiefe erzeugt werden. Es hat den Anschein, als ob die Röhre mit klaren, satten Farben gefüllt wäre.

Jedoch haben die zahlreichen experimentellen Arbeiten gezeigt, daß das gestreute Licht gewöhnlich nicht vollständig polarisiert ist. Der Polarisationsgrad $P = (I_z - I_y)/(I_z + I_y)$ ist manchmal bedeutend geringer als 100%. Die Größe $\Delta = 1 - P = 2I_y/(I_z + I_y)$ heißt gewöhnlich Depolarisation des gestreuten Lichtes. Für Gase liegt dieser Wert in der Größenordnung von 10%, für Flüssigkeiten ist er bedeutend größer und erreicht in einzelnen Fällen bis zu 80%. Die Erklärung dieser Ergebnisse hängt natürlich von der optischen Anisotropie der streuenden Moleküle ab, d. h. davon, daß sich die Elektronen in den Molekülen unter dem Einfluß des elektrischen Feldes der Lichtwelle mit unterschiedlicher Wahrscheinlichkeit in verschiedenen Richtungen verschieben. Jedoch ist bei der Lichtstreuung die Rolle der Anisotropie der Moleküle in einem bestimmten Sinn entgegengesetzt zu derjenigen, die sie beispielsweise bei der Lumineszenz oder im Dichroismus spielt. Eine vollständige Polarisation des gestreuten Lichtes ($\Delta = 0$) findet nur bei vollständig isotropen sphärisch symmetrischen Atomen oder Molekülen statt (Abb. 44a). Denn im Gegensatz zum Di-

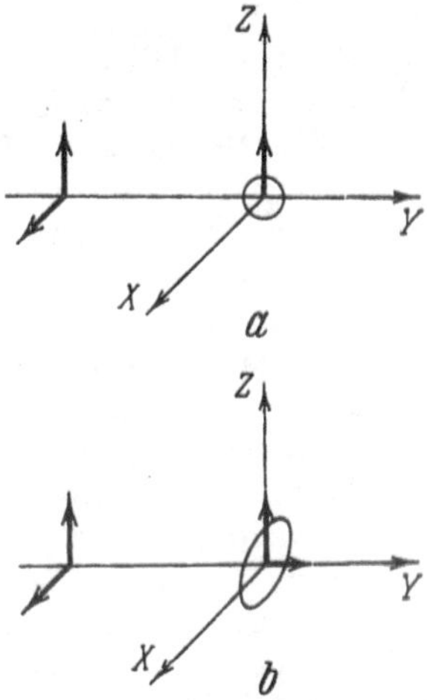

Abb. 44. Polarisation bei der Streuung durch isotrope und anisotrope Teilchen

chroismus und der polarisierten Lumineszenz ist (wie auch bei der Polarisation bei der Reflexion unter dem BREWSTERschen Winkel) nicht die Anisotropie und Orientierung der Moleküle, sondern das Wesen der elektromagnetischen transversalen Lichtwelle die Ursache für die vollständige Polarisation des unter einem Winkel von 90° gestreuten Lichtes. Eben deshalb kann die Anisotropie nur zu einer Depolarisation führen und dabei im gestreuten Licht die Komponente I_y erzeugen (Abb. 44b). Je größer die Anisotropie der Moleküle ist, desto größer ist die

Polarisation. Deshalb kann man diese Erscheinung dafür ausnutzen, um gemeinsam mit anderen Polarisationsverfahren die Struktur der Moleküle zu untersuchen. Im Mittel rufen die anisotropen Moleküle ein isotropes Chaos hervor, aber es ist möglich, daß die Anisotropie ebenso wie die Dichte fluktuiert. Was das Licht betrifft, das durch das streuende Medium gegangen ist, so ist offensichtlich, daß es im allgemeinen Fall teilweise polarisiert ist und seine Intensität von der Polarisation des einfallenden Lichtes abhängt. In Analogie zum Dichroismus wird diese Erscheinung als Dityndallismus bezeichnet (weil die Streuung des Lichtes in einigen Fällen die Bezeichnung Tyndall-Effekt erhielt). Neben dem Dichroismus kann sie für die Untersuchung der Anisotropie veschiedener Medien eingesetzt werden. Zum Beispiel kann man mit ihrer Hilfe leicht Flüssigkeitsströme unterscheiden, in denen isotrope und anisotrope Partikelchen schweben.

Durch kompliziertere Gesetze, darunter auch durch Polarisationsbeziehungen, werden einige Spezialfälle der Lichtstreuung gekennzeichnet. Dazu gehört z. B. die Streuung an größeren Partikelchen in Kolloidlösungen.

So wird ein maximaler Polarisationsgrad in diesem Fall bei Winkeln beobachtet, die von 90°abweichen. Eigenartig sind auch die Polarisationseigenschaften des durch eine inhomogene Oberfläche gestreuten Lichtes. Die Gesetze der Streuung unterscheiden sich hier ganz allgemein von denen der räumlichen Streuung. Die Intensität der Oberflächenstreuung ist umgekehrt proportional nicht der vierten, sondern nur der zweiten Potenz der Wellenlänge.

Die Polarisation bei der Streuung ist von grundlegender Bedeutung im Röntgenbereich des Spektrums. Die Röntgenstrahlung läßt sich nur mittels der Streuung polarisieren.

Alle übrigen Verfahren sind hier nicht anwendbar.

Nicht nur die Polarisation des gestreuten Lichtes, sondern auch die Streuung selbst kann in Polarisationsgeräten Anwendung finden. In einigen Polarisatoren mit Doppelbrechung läßt sich eine der Komponenten durch Streuung im geeigneten Medium beseitigen. Als Beispiel für einen solchen Polarisator mit Streuung und Doppelbrechung kann der Polarisator von YAMAGUTI dienen (Abb. 45), in dem ein Natriumnitrat-Einkristall zwischen zwei Glasplatten untergebracht ist (genauer gezüchtet wird), deren Brechzahl der des ordentlichen Strahls im Kristall entspricht.

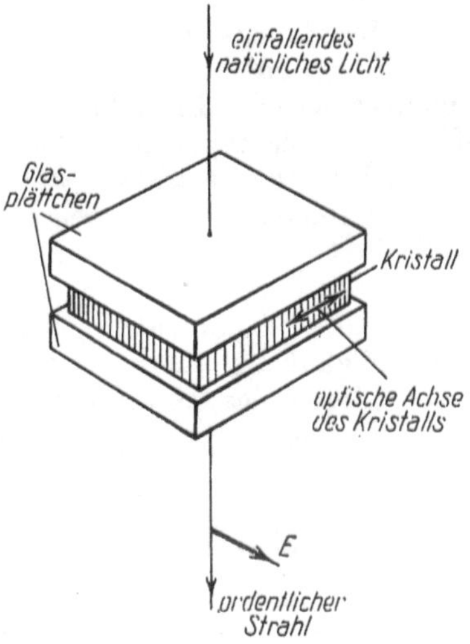

Abb. 45. YAMAGUTI-Polarisator

Die Innenflächen der am Kristall anliegenden Platten sind mattiert, die Außenflächen poliert. Wenn auf ein solches Dreischichtsystem natürliches Licht fällt, dann geht der ordentliche Strahl ungebrochen hindurch wie durch ein homogenes Medium. Die Brechzahl des außerordentlichen Strahls im Kristall unterscheidet sich sehr stark von der des Glases, deshalb wird der außerordentliche Strahl an den mattierten Innenflächen praktisch nach allen Richtungen vollständig gestreut.

Außer der bisher behandelten gewöhnlichen Streuung des Lichtes, bei der die Frequenz des gestreuten Lichtes unverändert bleibt, gibt es noch den Prozeß der Kombinationsstreuung des Lichtes. In diesem Fall werden zur Frequenz des gestreuten Lichtes bestimmte Schwingungsfrequenzen der Moleküle oder Kristalle addiert oder subtrahiert, die auch in den infraroten Absorptionsspektren sehr häufig auftreten.[1])

Infolge der Kombinationsstreuung treten im Spektrum neue Linien (Satelliten) auf, deren Frequenzen eine bestimmte Kombination der Einfallfrequenz und der Schwingungsfrequenzen darstellt. Die Linien der Kombinationsstreuung sind häufig polarisiert, wobei die Polarisation durch die Symmetrie der entsprechenden Schwingungen im Molekül oder Kristall bestimmt wird.

Die Kombinationsstreuung des Lichtes ist eine der wichtigsten Methoden zur Untersuchung von Schwingungsprozessen in den Molekülen sowie der Struktur der Moleküle. Die Untersuchung der Polarisation ihrer Linien liefert viele wichtige Angaben über die Feinstruktur der Moleküle und Kristalle.

---

[1]) Dieser Effekt wird auch als RAMAN-Effekt bezeichnet (Anm. d. dt. Hgb.).

KAPITEL VI

Polarisation und Interferenz

1. Die Rolle der Polarisation von kohärentem Licht

Wenn man verschiedene Lichtbündel überlagert, dann addieren sich im Gebiet der Überlagerung die Helligkeiten. Wenn man in einem Zimmer mehrere Lampen anstelle einer einschaltet, dann wird die Beleuchtung der Buchseite, die man gerade liest, entsprechend der Zahl der Lampen besser. Es ist aber andererseits gut bekannt, daß Lichtwellen wie alle Wellen interferieren können, d. h. sich gegenseitig in Abhängigkeit ihrer Phasen verstärken oder schwächen. Warum entsteht diese Interferenz gewöhnlich nicht? Der Grund liegt darin, daß dafür die Phasenbeziehung zwischen den Wellen im Verlauf eines Intervalls, das für die Beobachtung erforderlich ist, zeitlich konstant bleiben muß, d. h. während eines hinreichend langen Intervalls. Diese Bedingung ist aber niemals für zwei verschiedene Lichtquellen erfüllt. Die angeregten Atome oder Moleküle senden einzelne elementare Lichtquanten in sehr kurzen Zeitintervallen aus, in milliardstel Teilen einer Sekunde. Die Anfangszeitpunkte dieser einzelnen Ausstrahlungen fallen bei gewöhnlichen Lichtquellen (außer Laser) untereinander nicht zusammen. Deshalb kann es nicht nur zwischen Strahlen von verschiedenen Quellen, sondern auch von verschiedenen Punkten einer Lichtquelle keine konstante, sich zeitlich nicht verändernde Phasendifferenz geben. In jedem Zeitpunkt, in dem auf irgendeinem Punkt eines beleuchteten Schirms die Wellen in der Phase übereinstimmen, verstärken sie sich und ergeben eine große Helligkeit. In den Punkten, in denen die Wellen mit entgegengesetzten

Phasen zusammentreffen (d. h. mit einer Phasendifferenz von einer halben Periode), schwächen sie sich gegenseitig (oder löschen sich sogar vollkommen aus, wenn ihre Amplituden gleich sind) und ergeben eine minimale Helligkeit. Folglich wird zu einem gegebenen Zeitpunkt auf dem Schirm ein bestimmtes Interferenzbild einer Verteilung von stark und schwach beleuchteten Stellen entstehen, das durch die geometrische Lage des Schirms und der Lichtquellen bestimmt wird. Aber schon im nächsten Augenblick, nach einer milliardstel Sekunde, ist das Bild vollkommen anders, noch später wieder anders usw. Deshalb registrieren wir bei beliebiger Beobachtungsart (visuell, fotografisch, fotoelektrisch) in jedem Fall eine gleichmäßige Helligkeit über den ganzen Schirm.

Ein stabiles Interferenzbild kann man erhalten, wenn

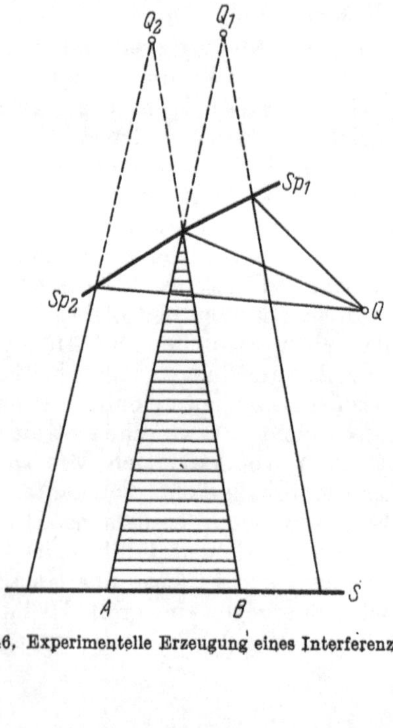

Abb. 46. Experimentelle Erzeugung eines Interferenzbildes

ein Lichtbündel, das von einem leuchtenden Punkt ausgeht, in zwei Bündeln zerlegt wird (mittels Spiegel, Prismen usw.) und anschließend auf einem Schirm wieder zusammengeführt wird.

Wenn verschiedene Wege zurückgelegt werden, besitzen diese Strahlen eine bestimmte Phasendifferenz. Diese bestimmt auch das Interferenzbild. Strahlen, deren Phasendifferenz konstant ist, nennt man kohärente Strahlen. Es ist klar, daß ihre Wellenlänge gleich sein muß, um diese Bedingung einhalten zu können.

In Abb. 46 ist ein Beispiel angeführt: Entstehung eines Interferenzbildes im Abschnitt AB eines Schirms S durch die kohärenten „Scheinquellen" Q_1 und Q_2, die mit Hilfe eines Doppelspiegels Sp_1, Sp_2 aus einer gemeinsamen realen Lichtquelle Q gebildet werden. Helle und dunkle Interferenzstreifen auf dem Schirm sind die geometrischen Örter von Punkten, deren Abstandsdifferenz zu Q_1 und Q_2 ein ganzes Vielfaches der Wellenlänge $n\lambda$ (für helle Streifen) und ein ungerades Vielfaches der halben Wellenlänge $n\lambda + \frac{\lambda}{2}$ (für dunkle Streifen) beträgt. Folglich sind alle diese Streifen Hyperbeln. Die hellen Streifen für verschiedene λ sind gegeneinander verschoben; das Interferenzbild besteht aus farbigen Streifen. Ausgenommen davon ist nur, wie leicht verständlich ist, der zentrale mittlere Streifen, der gerade und weiß gefärbt ist.

Es gibt viele Möglichkeiten, kohärente Strahlen von einer Lichtquelle zu erzeugen. Sehr häufig begegnet man in der Natur beispielsweise einem Interferenzbild, das durch Strahlen entsteht, die von der Vorder- und Rückseite dünner Schichten reflektiert werden. Die allen bekannten regenbogenfarbigen Streifen auf der Oberfläche von Pfützen, die mit einer Schicht aus Masut, Öl oder Petroleum bedeckt sind, stellen solche Interferenzbilder dar.

Schließlich sind auch die Strahlen kohärent, die in Kristallen aufgespalten worden sind. Hier werden wir zu einer uns besonders interessierenden Frage übergehen.

Außer der Kohärenz ist auch der Polarisationszustand der interferierenden Strahlen sehr wichtig. Wir haben stillschweigend vorausgesetzt, daß sie linear in einer Ebene polarisiert sind. Tatsächlich ist im allgemeinen Fall diese Bedingung bei kohärenten Strahlen erfüllt. Wie wir schon wissen (Kap. IV), wird bei jedem Elementarprozeß polarisiertes Licht ausgestrahlt. Da Strahlen von einer Quelle, die bei ein- und demselben Elementarprozeß ausgestrahlt werden, interferieren, sind sie zu jedem Zeitpunkt auch gleich polarisiert und können ein Interferenzbild erzeugen. Es hat keine Bedeutung, daß im folgenden Moment beide in einer anderen Ebene polarisiert sind. Natürlich bleibt das Interferenzbild auch dann erhalten, wenn die beiden kohärenten, natürlichen Strahlen beispielsweise mit Hilfe eines NICOLschen Prismas oder auf beliebig andere Art in einer Ebene polarisiert werden.

Wenn jedoch zwei kohärente Strahlen in aufeinander senkrecht stehenden Ebenen linear polarisiert sind, ergeben sie bei der Überlagerung kein Interferenzbild. Dieser Fall tritt als Ergebnis der Doppelbrechung eines Strahls in einer Kristallplatte auf. Sowohl in einachsigen als auch in zweiachsigen Kristallen werden die aufgespaltenen Strahlen in zueinander senkrechten Ebenen polarisiert. Das ist natürlich nicht die einzige Möglichkeit, kohärente und zueinander senkrecht polarisierte Schwingungen zu erzeugen. Es genügt, in den Lichtweg zweier kohärenter Strahlen zwei NICOL-Prismen zu stellen, die gegeneinander unter einem Winkel von 90° orientiert sind, um dasselbe Ergebnis zu erreichen, nämlich das Fehlen eines Interferenzbildes und der additiven Überlagerung von Helligkeiten. Man braucht nur eines der NICOL-Prismen um 90° zu drehen, um das Interferenzbild wiederherzustellen. Diese Gesetzmäßigkeiten wurden erstmalig Anfang des 19. Jahrhunderts von ARAGO und FRESNEL aufgestellt. Die prinzipielle Bedeutung dieser Versuche bestand darin, daß sie die strenge Transversalität der Lichtwellen und das völlige Fehlen von Längskomponenten bewiesen. Wenn bei zueinander senkrechten

Nicol-Prismen die Amplitude der resultierenden Schwingung x ist und die Amplituden der Schwingungskomponenten y und z, dann kann die im Versuch aufgestellte Bedingung $x^2 = y^2 + z^2$ nur in dem Fall erfüllt werden (auf der Grundlage des Satzes von Pythagoras), wenn die Schwingungen genau senkrecht zu ihrer Ausbreitungsrichtung auftreten.

Das Ergebnis der Überlagerung kohärenter und zueinander senkrecht polarisierter Lichtwellen kennen wir schon. In Abhängigkeit von der Größe der Phasenverschiebung zwischen ihnen erhalten wir zirkular oder elliptisch polarisiertes Licht (Kap. III, V).

2. Die Analyse von polarisiertem Licht

Hier ist es nötig festzustellen, daß es bei der gewöhnlichen Analyse des polarisierten Lichtes mit Hilfe eines Nicol-Analysators unmöglich ist, zirkular polarisiertes Licht von natürlichem sowie elliptisch polarisiertes von teilweise linear polarisiertem Licht zu unterscheiden.

In den beiden Varianten des ersten Falles wird sich die Intensität des Lichtes bei einer Drehung des Nicol-Analysators nicht ändern. Genauso werden zwei Maxima und zwei Minima der Intensität bei einer ganzen Umdrehung des Nicol-Analysators in den beiden Varianten des zweiten Falles in gleichem Maße auftreten.

Um diese Varianten zu unterscheiden, ist es unbedingt notwendig, solche Zusatzgeräte zu benutzen, mit deren Hilfe man Licht erhält, das zirkular oder elliptisch polarisiert ist, d. h. Phasenplättchen. Es ist leicht zu zeigen, daß es für die vollständige Analyse des polarisierten Lichtes genügt, außer dem Nicol-Analysator ein $\lambda/4$-Plättchen zu benutzen.

Das Wesentliche besteht darin, daß das $\lambda/4$-Plättchen zirkulares Licht in lineares sowie lineares in zirkulares Licht umwandelt (es ist klar, daß zwei $\lambda/4$-Plättchen und

ein $\lambda/2$-Plättchen identisch sind). Der im Versuch leicht zu bestimmende Unterschied zwischen zirkularem und natürlichem Licht besteht darin, daß ersteres mit Hilfe eines $\lambda/4$-Plättchens in lineares Licht umgewandelt werden kann, natürliches Licht jedoch nicht. Teilweise linear polarisiertes Licht unterscheidet sich im Versuch dadurch von elliptisch polarisiertem Licht, daß im ersten Fall bei Einführung eines $\lambda/4$-Plättchens vor dem NICOL-Analysator keinerlei Veränderung der Orientierungswinkel des Analysators auftreten wird, bei denen sich ein Maximum und ein Minimum der Intensität herausstellt. Im zweiten Fall entsprechen verschiedene Lagen des Analysators bei Vorhandensein und Nichtvorhandensein des $\lambda/4$-Plättchens dem Maximum und Minimum der Intensität. Um das richtig zu verstehen, muß man sich erinnern (Kap. III), daß man beliebige elliptische Polarisation aus zwei linearen kohärenten Komponenten durch zwei Verfahren erhalten kann:
durch die Veränderung des Phasenunterschiedes bei gleichen Amplituden der Komponenten
oder durch die Veränderung der Amplitudendifferenz bei konstanter Phasenverschiebung $\pi/2$ (was demnach mit Hilfe jenes $\lambda/4$-Plättchens beobachtet werden kann, wenn es entsprechend orientiert ist).

Auf diesen allgemeinen Überlegungen ist die folgende Methode aufgebaut, die im weiteren dargelegt wird und die in der Praxis für eine allgemeine Analyse beliebig polarisierten Lichtes angewendet wird.

Auf dem Weg des zu untersuchenden Lichtbündels befindet sich der NICOL-Analysator, der sich langsam dreht. Weiterhin ist es nötig, die folgenden Operationen nacheinander durchzuführen, deren Ergebnisse eindeutige Schlußfolgerungen zulassen:

I. Wenn sich die Intensität beim Fehlen oder Vorhandensein eines $\lambda/4$-Plättchens nicht ändert, ist das Licht natürlich.

II. Wenn sich ohne das $\lambda/4$-Plättchen die Intensität nicht verändert, aber beim Vorhandensein des Plättchens

Maxima und Minima auftreten, dann ist das Licht zirkular polarisiert. Wenn dabei im Minimum die Intensität gleich Null ist, dann ist das Licht vollständig zirkular polarisiert, wenn sie von Null verschieden ist, dann ist es teilweise zirkular polarisiert, d. h., man muß es (ähnlich dem teilweise linear polarisierten Licht) als Überlagerung zweier Lichtbündel auffassen, nämlich des natürlichen und des zirkular polarisierten.

III. Wenn sich beim Fehlen des $\lambda/4$-Plättchens die Intensität von Null bis zu einem bestimmten Maximum ändert, dann ist das Licht vollständig linear polarisiert.

IV. Wenn dabei im Minimum die Intensität nicht Null ist, dann können zwei Fälle eintreten:

1. Ist das $\lambda/4$-Plättchen vor dem Analysator so orientiert, daß seine Hauptrichtungen, d. h. die Polarisationsrichtungen des ordentlichen und des außerordentlichen Strahles in dem Plättchen, mit den Azimuten des Intensitätsmaximums und -minimums übereinstimmen, so führt das dazu, daß bei Drehung des Analysators in eine bestimmte Stellung, die mit dem Azimut des früheren Minimums nicht übereinstimmt, die Intensität gleich Null wird. In diesem Falle haben wir es mit vollständig elliptisch polarisiertem Licht zu tun.

2. Wenn jedoch bei der Einführung eines $\lambda/4$-Plättchens bei keinem Azimut des Analysators die Intensität Null wird, dann können wiederum zwei Fälle auftreten:

a) Die Einführung des $\lambda/4$-Plättchens bewirkt keinerlei Änderungen in den Azimuten des Analysators, die dem Maximum und Minimum entsprechen, d. h., daß das Licht teilweise linear polarisiert ist.

b) Bewirkt jedoch die Einführung des $\lambda/4$-Plättchens Veränderungen in der Stellung des Analysators, bei der ein Maximum oder Minimum erzielt werden kann, dann ist das Licht teilweise elliptisch polarisiert.

Die aufgeführten Ergebnisse beinhalten alle Möglichkeiten für die Polarisation des Lichtstrahls und liefern deshalb insgesamt eine Methode für die vollständige qualitative Analyse des Polarisationszustandes.

3. Die Mikrostruktur der Polarisation bei natürlichem Licht

Wir wenden uns jetzt wieder dem Versuch zu, bei dem wir mit einer einachsigen Kristallplatte zirkular oder elliptisch polarisiertes Licht erhalten hatten (Abb. 47). Platte P ist parallel zur optischen Achse geschnitten, die bei unserem Versuch vertikal liegt. Das NICOLsche Prisma N_1 schließt mit der Senkrechten einen Winkel von 45° ein.

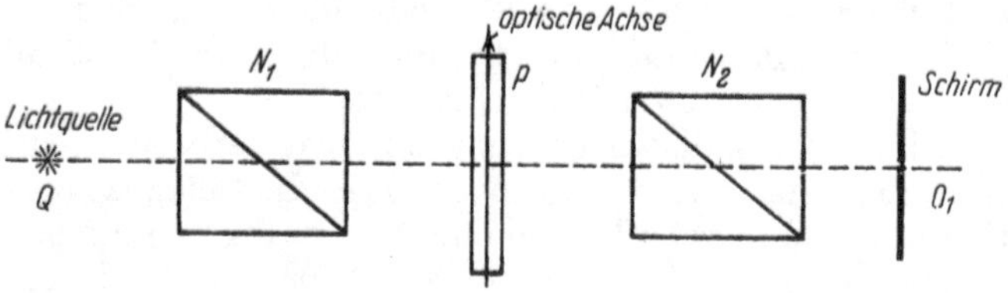

Abb. 47. Versuchsaufbau zur Untersuchung der Rolle der Polarisation bei der Interferenz

Folglich werden die ordentliche und die außerordentliche Welle in der Platte die gleiche Amplitude haben. Ihr Phasenunterschied hängt vom Material und der Plattendicke ab. Je nach der Größe dieser Differenz erhalten wir am Austritt aus der Platte eine elliptisch oder zirkular polarisierte Welle, deren Analyse man auf die soeben geschilderte Weise vornehmen kann.

Wenn man hinter der Platte einen NICOL-Analysator N_2 anbringt, der die Polarisation des ordentlichen und des außerordentlichen Strahls in eine Ebene bringt, so erhalten wir eine Überlagerung kohärenter und einheitlich polarisierter Strahlen, d. h., alle Voraussetzungen zum Entstehen eines Interferenzbildes sind erfüllt. Über den Charakter dieses Bildes werden wir später sprechen — jetzt werden wir die Rolle des NICOL-Polarisators N_1 analysieren.

Der von FRESNEL erstmals durchgeführte Versuch zeigt, daß man — im Unterschied zu vorherigem — beim

Wegnehmen des Nicols N_1 auf dem Bildschirm hinter N_2 kein Interferenzbild erhält. Auf den ersten Blick scheint das paradox: die Strahlen sind kohärent (beide entstammen derselben Quelle) und in einer Ebene polarisiert, ergeben aber trotzdem kein Interferenzbild.

Fehlt in diesem Fall am Austritt aus der Platte der Nicol-Analysator N_2, so wird das Licht weder zirkular noch elliptisch polarisiert, sondern bleibt natürlich.

Diese Tatsachen werden dadurch erklärt, daß beliebige, senkrecht zueinander polarisierte Komponenten, als deren Gesamtheit wir uns das natürliche Licht vorstellen, zueinander inkohärent sind (s. Kap. III). Es sei OA (Abb. 48) die Augenblicksrichtung des $\boldsymbol{E}$-Vektors in

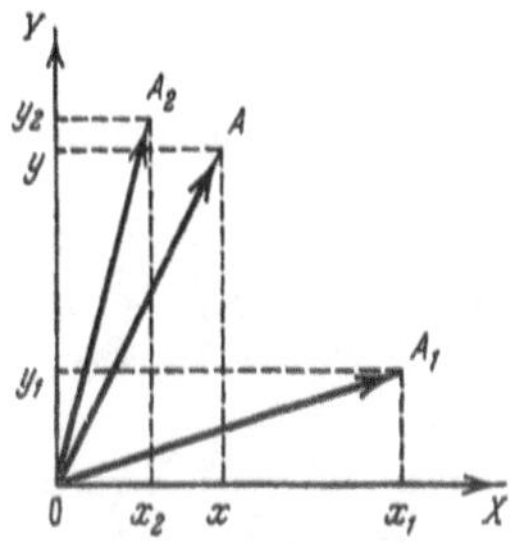

Abb. 48. Zerlegung des elektrischen Feldstärkevektors von natürlichem Licht

einem natürlichen Lichtbündel. Durch die Doppelbrechung wird dieser Vektor in zwei zueinander senkrechte Richtungen OX und OY zerlegt. Da sich die Richtung OA im natürlichen Licht chaotisch ändert (OA_1, OA_2 usw.), ändern sich auch die Komponenten OX und OY ebenso unregelmäßig, wobei sie beliebige positive und negative Werte annehmen. Damit büßen sie ihre konstante Phasendifferenz ein und werden inkohärent. Wenn aber die Richtung OA konstant ist (das Licht wird vor dem Auftreffen auf die Kristallplatte durch den Nicol N_1 polarisiert), so ändern sich beide Komponenten OX und

OY bei beliebigen Phasenänderungen des Vektors $\boldsymbol{E}$ synchron, zwischen ihnen entsteht keine zusätzliche Phasenänderung, und sie bleiben kohärent.

Jetzt wird die Ursache der für kohärente Strahlen erhaltenen Versuchsergebnisse verständlich, die von FRESNEL formuliert wurden und FRESNELsche Gesetze heißen.

1. Zwei in einer Ebene polarisierte Strahlen ergeben dasselbe Interferenzbild wie natürliches Licht.
2. Zwei senkrecht zueinander polarisierte Strahlen ergeben kein Interferenzbild.
3. Zwei senkrecht zueinander polarisierte und aus natürlichem Licht gewonnene Strahlen ergeben, in dieselbe Ebene überführt, kein Interferenzbild.
4. Zwei senkrecht zueinander polarisierte, jedoch aus linear polarisiertem Licht gewonnene Strahlen ergeben nach Überführung in eine gemeinsame Polarisationsebene ein Interferenzbild.

Sehr interessant und lehrreich ist das dritte Gesetz. Man kann sagen, daß es eine Methode liefert, mit Hilfe der Interferenz die Mikrostruktur der Polarisation von Lichtbündeln aufzudecken.

Noch eigenartiger in diesem Zusammenhang sind die folgenden Versuche, die das Vorhandensein verschiedener polarisierter Komponenten im natürlichen unpolarisierten Licht zeigen.

Bringen wir in den Strahlengang zweier kohärenter natürlicher Strahlen, die ein Interferenzbild erzeugt haben, zwei Medien gleicher Brechzahl, eins mit drehender Polarisationsfläche und ein inaktives. Der Einfachheit halber setzen wir voraus, daß in beiden Medien gleiche Phasenänderung auftritt, das optisch aktive Medium die Polarisationsfläche jedoch um 90° dreht.

Bleibt nun das Interferenzbild erhalten? Bei oberflächlicher Betrachtung muß es erhalten bleiben. Denn beide Strahlen bleiben natürlich und kohärent, und es sollte sich nichts ändern. Der Versuch jedoch zeigt, daß es in diesem Fall kein Interferenzbild gibt. Der Grund dafür liegt darin, daß in jedem Moment einer Lage des elektrischen Feldstärkevektors im ersten Strahl eine Lage im zweiten Strahl entspricht, die sich von jener um 90° unterscheidet. Diese zwei zueinander senkrechten Vektoren können, wie wir bereits wissen, kein Interferenzbild ergeben. Wenn man Dicke oder Konzentration des drehenden Mediums derart vergrößert, daß der Drehwinkel auf 180° anwächst, so treten die Interferenzstreifen wieder auf (anstelle der vorherigen Minima werden wir jedoch Maxima finden und umgekehrt). Analoge Resultate kann man erhalten, wenn man in den Strahlengang beider Strahlen Medien mit entsprechender Links- und Rechtsdrehung bringt (die im ersten Fall eine Drehung um +45° bzw. −45° und im zweiten Fall um +90° bzw. −90° usw. ergeben).

Die Ergebnisse ähnlicher Versuche erscheinen anfangs ganz ungewöhnlich und sogar in sich widersprüchlich, da sie erlauben, die Drehung der Polarisationsebene unpolarisierten Lichtes zu bestimmen. Tatsächlich jedoch liegt hier kein Widerspruch vor — Polarisation und Interferenz des Lichtes sind einfach äußerst präzise Instrumente, die eine experimentelle Demonstration der Änderung seiner Mikrostruktur erlauben.

Man kann noch ein analoges Experiment durchführen, indem man in den Strahlengang einer der interferierenden natürlichen Strahlen ein $\lambda/2$-Phasenplättchen bringt, das eine Phasendifferenz von einer halben Periode, d. h. 180°, zwischen den senkrecht zueinander polarisierten Komponenten erzeugt. Jede Augenblicksrichtung von $\boldsymbol{E}$ kann man in zwei Komponenten zerlegen (z. B. in eine horizontale und in eine vertikale). Das Vorhandensein des $\lambda/2$-Plättchens in einem der Strahlen ruft eine zusätzliche Phasenverschiebung um 180° zwischen diesen Komponenten hervor. Wenn dabei z. B. die vertikale Komponente erhalten bleibt, so muß die horizontale Komponente gerade in die entgegengesetzte Richtung wechseln (Abb. 49). Jetzt können wir uns überlegen, was mit dem Interferenzbild auf dem Schirm geschieht. In den Punkten, wo die vertikalen Komponenten einander durch Überlagerung verstärken, werden die horizontalen einander auslöschen und umgekehrt. Die Interferenzmaxima der ersteren fallen mit den Minima der letzteren zusammen, die Minima der ersteren mit den Maxima der letzteren. Folglich wird der Bildschirm insgesamt gleichmäßig erhellt sein. Wenn man den Schirm jedoch nicht mit bloßem Auge

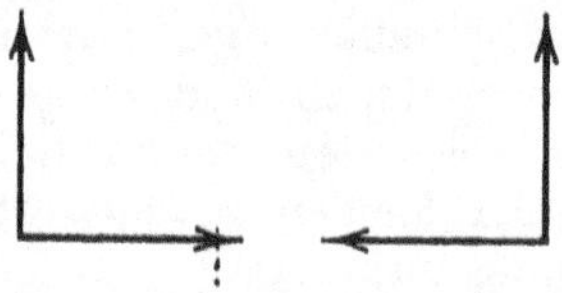

Abb. 49. Richtungsänderung einer der Komponenten in die entgegengesetzte Richtung bei Einführung eines $\lambda/2$-Plättchens

betrachtet, sondern mit einem NICOL-Analysator, so kann man, indem man dessen Richtung ändert, nacheinander Interferenzstreifen beobachten, die Komponenten mit unterschiedlicher Polarisation entsprechen (die Minima und Maxima der entsprechenden Bilder werden komplementär).

Diese Experimente (wie auch die vorherigen mit optisch aktiven Stoffen) erscheinen vom gewohnten Standpunkt aus paradox, denn sie weisen Polarisation in natürlichem Licht nach. Anders gesagt, stellen sie eine Methode dar, Änderungen der inneren Mikrostruktur des Lichtes festzustellen.

4. Interferenzbilder von Kristallen

Wenn man zwischen zwei NICOLS, Polarisator und Analysator, einen Kristall bringt, dann entstehen, wie schon oben gesagt wurde, ganz eigenartige Interferenzbilder. Der Gesamtcharakter und die spezifischen Eigenschaften dieser Bilder werden in erster Linie vom Aufbau, den optischen Eigenschaften und der Orientierung des

Kristalls bestimmt, und deshalb spielen sie eine große Rolle bei der Untersuchung der Kristalle mit optischen Methoden, in der optischen Kristallographie.

Das prinzipielle Schema der Anlage für derartige Untersuchungen ist auf Abb. 47 dargestellt. Das erste Nicol N_1 sorgt, wie oben erläutert wurde, für die Kohärenz der aufgespaltenen Komponenten in den Kristallen, das zweite N_2 führt ihre Polarisation in eine Ebene zurück, wodurch auch das Interferenzbild entsteht. Der Phasenunterschied entsteht in der Kristallplatte P. Wenn man eines der Nicols entfernt, verschwindet das Interferenzbild völlig. Dabei ist wichtig, sich deutlich die unterschiedlichen Ursachen dafür vor Augen zu führen, wenn das Nicol N_1 oder das Nicol N_2 entfernt wird. Dieser Unterschied wurde im Abschnitt 3 dieses Kapitels genau besprochen.

Betrachten wir zuerst eine planparallele Platte und ein paralleles Lichtbündel. In solch einer Platte wird der Phasenunterschied an allen ihren Punkten gleich sein. Folglich wird für irgendeine bestimmte Wellenlänge auf der ganzen Platte ein Interferenzmaximum sein, d. h. die zwischen gekreuzte Nicols gebrachte Platte hellt das Feld auf und färbt es in der bestimmten Farbe.

Wenn man die Platte zwischen den Nicols um die Achse OO_1 dreht (unabhängig davon, ob die Nicols gekreuzt sind oder nicht), dann verschwindet das Interferenzbild beim Zusammenfallen einer beliebigen Hauptachse der Platte mit der Hauptachse eines der Nicols. Das ist leicht zu erklären. Wenn die Hauptachse der Platte mit der Hauptachse des Nicols N_1 zusammenfällt, dann tritt ein uniradialer Azimut auf, und in der Platte breitet sich nur eine Welle aus. Beim Zusammenfallen mit N_2 tritt aus der Platte auch nur eine Welle durch den Analysator. In beiden Fällen ist es sinnlos, von Interferenz zu sprechen. Mit dieser Methode kann man sehr einfach die Hauptachsen der Kristallplatte bestimmen. Wenn aber die Kristallplatte eine ungleichmäßige Dicke hat, dann wird man anstelle des gleichartig gefärbten Feldes ein Interferenzbild beobachten. Das ist eine bestimmte Verteilung heller und dunkler Streifen und Flecken bei monochromatischem Licht und verschiedenfarbiger Streifen und Flecken bei weißem Licht. Diese Streifen werden offensichtlich die geometrischen Örter gleicher Plattenstärke sein. Zum Beispiel werden im Fall einer keilförmigen Platte die geraden Interferenzstreifen parallel zur Keilkante auftreten.

Das Aufhellen des Feldes oder das Auftreten von Interferenzbildern bei Einbringen von anisotropem Material zwischen gekreuzte Nicols ist eine sehr empfindliche Methode zum Auffinden und zur Untersuchung der Doppelbrechung und folglich der Anisotropie des gegebenen Materials. Sie findet breite Anwendung für verschiedene praktische Zwecke, z. B. zur Untersuchung künstlicher Deformationen fester Körper u. ä. Von diesen praktischen Anwendungen wird in Kapitel X die Rede sein.

Wie erwähnt, verschwindet das Interferenzbild völlig, wenn wir in unserem System das Nicol N_1 herausnehmen und natürliches Licht auf die Platte schicken. Fällt jedoch auf die Platte teilweise polarisiertes Licht, so werden wir durch das Nicol N_2 ein Interferenzbild wie beim Einfall linear polarisierten Lichtes beobachten, wenn auch kein so kontrastreiches. Auf diese Weise stellt die Kombination einer Kristallplatte und eines Nicol-Analysators eine Vorrichtung dar, die es erlaubt, durch das Auftreten eines Interferenzbildes das Vorhandensein einer auch geringen teilweisen Polarisation im einfallenden Lichtstrahl zu beobachten. Solche Geräte heißen Polariskope. Die Empfindlichkeit eines derartigen Geräts hängt in erster Linie von Konstruktion und Orientierung der Kristallplatte ab. Anstelle einer Platte kann auch ein Plattensystem verwendet werden. Am bekanntesten ist das Polariskop von Savart, in dem zwei Quarzplatten gleicher Dicke verwendet werden, die unter einem Winkel von 45° zur optischen Achse geschnitten sind und so liegen, daß ihre optischen Achsen einander kreuzen (Abb. 50).

Man kann bei genügender Helligkeit des untersuchten Lichtes mit dem SAVARTschen Polariskop sogar Polarisationsgrade bis hinab zu $P = 2\%$ untersuchen. Es ist klar, daß man mit einem Polariskop eine Polarisation nur beobachten kann. Zu ihrer Messung bedarf es noch eines

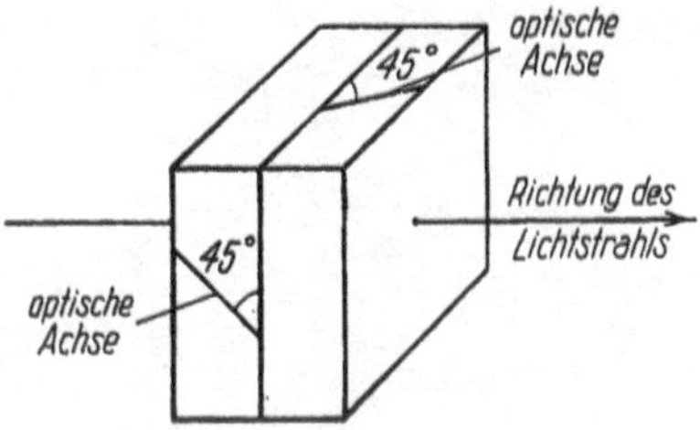

Abb. 50. SAVARTsche Platte

besonders geeichten Kompensationsgeräts (beispielsweise eines Glasplattensatzes, bei dessen Drehung derselbe Polarisationsgrad mit jedoch entgegengesetztem Vorzeichen auftritt).

Wenden wir uns jetzt komplizierteren Interferenzbildern zu, die nicht in parallelen, sondern bei konvergenten Strahlen auftreten (sie werden als konoskopische Figuren bezeichnet).

Es gehe z. B. ein hinter dem Polarisator N_1 von der Linse L_1 fokussierter Lichtkegel durch die Kristallplatte Kr. Hinter der Sammellinse L_2 und dem Analysator N_2 ergibt er auf dem Schirm S ein Interferenzbild (Abb. 51). Betrachten wir zuerst eine Platte eines einachsigen Kristalls dessen optische Achse mit der Achse des Lichtkegels zu-

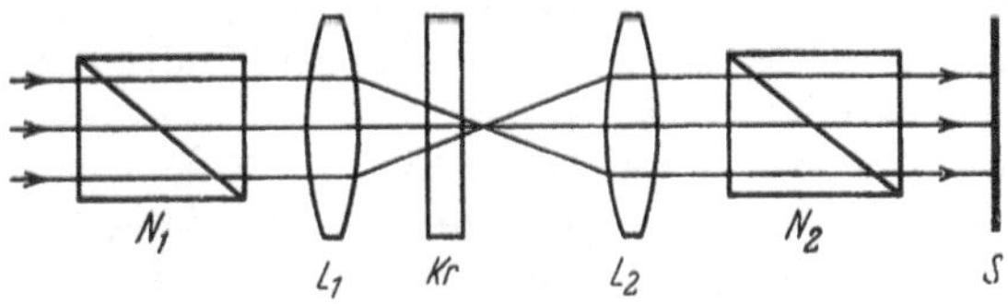

Abb. 51. Schema zur Darstellung eines konoskopischen Bildes

sammenfällt. Offensichtlich sind die geometrischen Örter gleicher Phasendifferenz konzentrische Kreise mit dem Mittelpunkt auf der optischen Achse. Als Interferenzbild erhalten wir ein System heller und dunkler (oder farbiger) konzentrischer Ringe (Abb. 52). Charakteristisch für

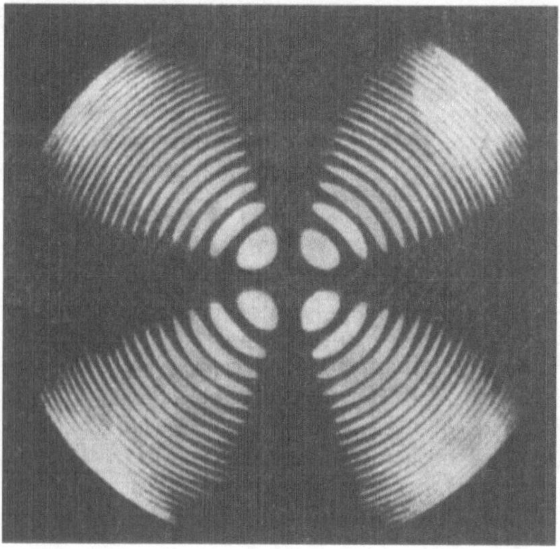

Abb. 52. Konoskopische Figur eines einachsigen Kristalls (die Achse des Strahlenkonus fällt mit der optischen Achse zusammen)

dieses Bild ist weiterhin ein helles oder dunkles Kreuz, das die Ringe durch zwei zueinander senkrechte Richtungen aufspaltet, wobei eine der Richtungen mit der Hauptrichtung des Polarisators N_1 zusammenfällt. Ein helles Kreuz erhalten wir bei parallelen Nicols, ein dunkles bei gekreuzten. Das Auftreten des Kreuzes ist an uniradiale Azimute gebunden (Abb. 53). Einem beliebigen Lichtstrahl unseres Kegels mit der Richtung AA' entsprechen die Hauptschnittebenen des Kristalls: nämlich die Ebene $O'AA'$ (die den Strahl und die optische Achse enthält) sowie die Ebene, die zu ihr senkrecht ist (ihre Schnittspuren auf der Platte sind I und II). Uniradiale Azimute erhalten wir, wenn die Hauptschnittebene $O'AA'$ mit N_1 zusammenfällt oder zu N_1 senkrecht steht. In beiden Fällen breitet sich im Kristall nur eine Welle aus, und zwar die in Richtung des Polarisators N_1 linear polarisierte Welle. Bei gekreuzten NICOLs wird sie vom

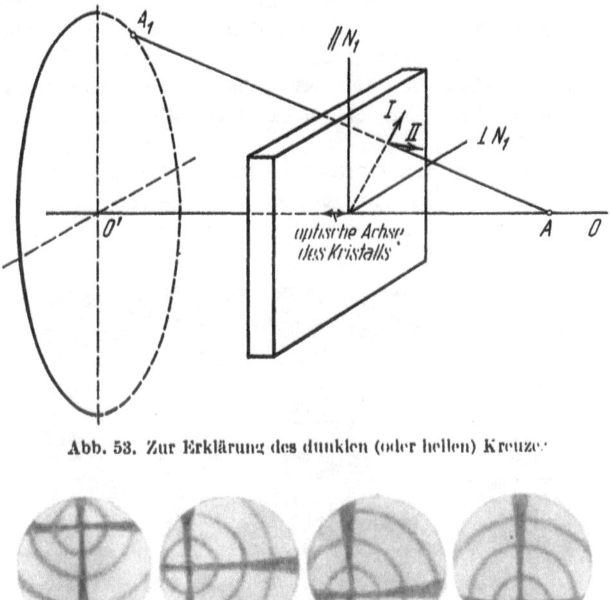

Abb. 53. Zur Erklärung des dunklen (oder hellen) Kreuzes

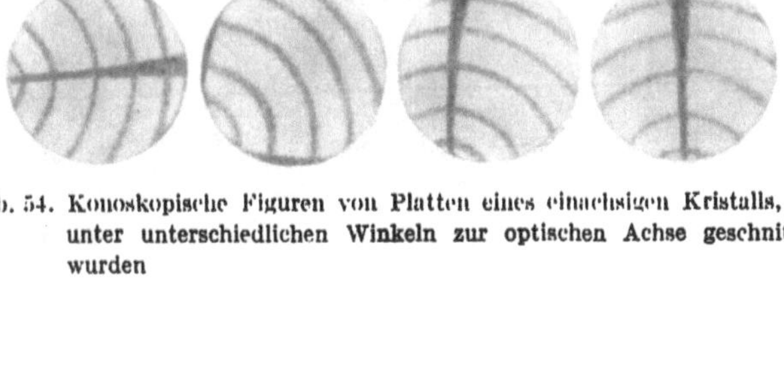

Abb. 54. Konoskopische Figuren von Platten eines einachsigen Kristalls, die unter unterschiedlichen Winkeln zur optischen Achse geschnitten wurden

Analysator ausgelöscht (dunkles Kreuz), bei parallelen Nicols durchgelassen.

Wenn die Achse des Lichtkegels nicht mit der optischen Achse der Platte zusammenfällt, dann werden die geometrischen Örter gleicher Phasendifferenz natürlich keine Kreise, sondern kompliziertere Linien. In Abb. 54 sind die konoskopischen Figuren für einachsige Platten abgebildet, die unter verschiedenen Winkeln zur optischen Achse geschnitten sind. Die äußerst charakteristischen Unterschiede der Figuren dienen bei vielen Arbeiten und Untersuchungen (in der Kristallographie, Mineralogie usw.) dazu, die Orientierung der Kristalle schnell qualitativ zu bestimmen.

Ein noch komplizierteres Aussehen haben die konoskopischen Figuren für Platten aus zweiachsigen Kristallen. Als anschauliches Beispiel ist in Abb. 55 das Bild einer

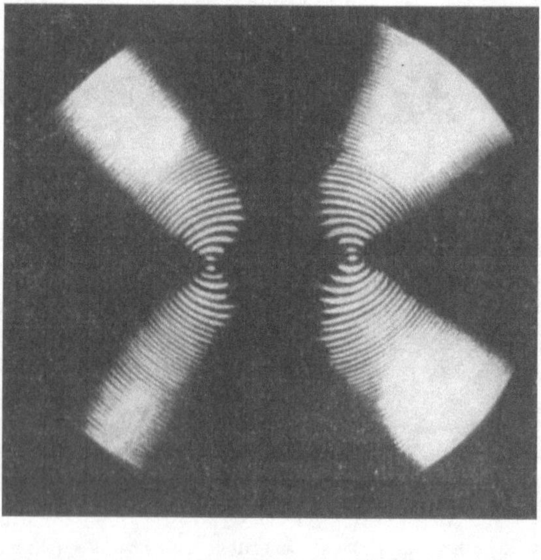

Abb. 55. Beispiel für das konoskopische Bild eines zweiachsigen Kristalls. Die Austrittspunkte der optischen Achsen sind sichtbar.

Platte angeführt, die senkrecht zur Winkelhalbierenden des spitzen Winkels zwischen den optischen Achsen geschnitten ist. Die Enden der optischen Achsen sind deutlich zu sehen.

Die besten Objekte zur qualitativen Untersuchung der optischen Eigenschaften eines Kristalls sind Kristallkügelchen. Um das konoskopische Bild zu erkennen, das auf der Kugeloberfläche liegt, genügt es, die Kügelchen in diffusem Licht zwischen gekreuzten NICOLS oder Polarisationsfiltern zu betrachten. Dabei dient das Kügelchen gleichzeitig als Kristall und als Linse (Abb. 56). Wenn der

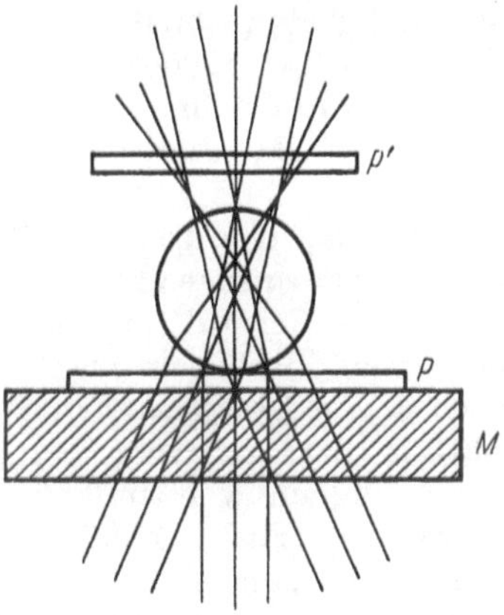

Abb. 56. Entstehung eines konoskopischen Bildes an der Oberfläche einer kleinen Kristallkugel
M – Mattglas, P, P' – gekreuzte Polarisatoren

Winkel zwischen den optischen Achsen des zweiachsigen Kügelchens nicht zu groß ist, so kann man gleichzeitig die Enden beider optischen Achsen sehen. Dreht man die Kugel, so dreht sich das konoskopische Bild mit. Wenn der Winkel zwischen den Achsen größer ist, so kann man beim Drehen der Kugel nacheinander auf der Oberfläche des Kügelchens die Enden der optischen Achsen aufsuchen und mit Tinte oder Tusche markieren. Das sind schnelle und anschauliche Methoden zur optischen Orientierung von Kristallen.

Am Schluß dieses Kapitels soll noch über die Phasenkompensatoren berichtet werden, mit deren Hilfe man die Phasenverschiebung regeln kann, was bei Untersuchungen und Messungen sehr wichtig ist.

Wir kreuzen z. B. zwei gleichartige Phasenplättchen, orientieren sie also derart, daß die Schwingungsrichtung des ordentlichen Strahls des einen Plättchens mit der Schwingungsrichtung des außerordentlichen Strahls des anderen Plättchens zusammenfällt. Dann werden sich diejenigen Wellen, die sich in dem ersten Plättchen mit geringerer Geschwindigkeit ausbreiten, im zweiten Plättchen mit größerer Geschwindigkeit ausbreiten und umgekehrt. Demzufolge wird der im ersten Plättchen erhaltene Gangunterschied im zweiten Plättchen bis zu Null kompensiert.

Geräte, mit denen man eine beliebige Phasendifferenz bis auf Null herunterkompensieren kann, heißen Kompensatoren. Das einfachste Beispiel für einen Kompensator ist der kristalline Keil. Bezüglich einer beliebigen Kristallplatte erzeugt er eine Kompensation an der Stelle, wo er die entsprechende Dicke aufweist. Man kann die zugehörige Doppelbrechung im Keil anhand der durch die Interferenz verursachten Färbung des Keils mit hinreichender Genauigkeit bestimmen.

Sehr weit verbreitet ist der Kompensator von Berek, bei dem die Änderung des Gangunterschieds durch die Neigung einer planparallelen Kalkspatplatte erzeugt wird.

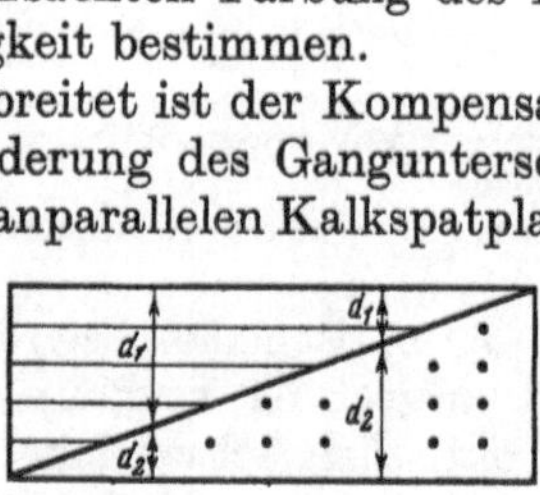

Abb. 57. Babinet-Kompensator

Der andere bekannte Kompensator von Babinet besteht aus zwei Quarzkeilen (Abb. 57), deren Achsen zueinander senkrecht orientiert sind. Der Unterschied in der

Dicke der Keile bestimmt die Phasendifferenz im gegebenen Punkt. Er ändert sich von Punkt zu Punkt kontinuierlich. Um die Phasendifferenz in einem festen Punkt kontinuierlich zu ändern, kann man die Keile zueinander bewegen. Man zieht die Kombination zweier Keile der Verwendung von nur einen Keil vor, da so keine Änderung in der Richtung des Strahls entsteht.

KAPITEL VII

Erklärung der Lichtpolarisation mit Hilfe der Quantentheorie

1. Photonen

Wie bereits im Kapitel II erwähnt, wurden die ersten Vorstellungen von der Lichtpolarisation als besonders hervorzuhebende Eigenschaft von Newton im Rahmen der Teilchenoptik entwickelt. Selbst der Begriff „Polarisation", der erstmalig von Malus verwendet wurde, ist korpuskularer Natur. Für die Wellenoptik, die von der Vorstellung longitudinaler Lichtwellen damals ausging, war die Polarisation völlig unverständlich.

In der Teilchenoptik jedoch genügte es für die Einführung dieses Begriffes, eine natürliche Anisotropie und die unter bestimmten Bedingungen mögliche Orientierung der Lichtteilchen anzunehmen.

Die Lage änderte sich völlig während der Zeit, in der die Optik transversaler Wellen und insbesondere die elektromagnetische Theorie des Lichtes dominierten. Der Begriff der Polarisation bildete neben der Interferenz und Beugung scheinbar eine feste Grundlage für diese Theorie, da alle ihre Formen und Eigenschaften mit dieser Theorie sehr gut beschrieben wurden.

Jedoch Ende des 19., Anfang des 20. Jahrhunderts traten neue experimentelle Ergebnisse auf, die zu klären die Wellentheorie des Lichtes nicht imstande war. Es wurde die Einführung neuer Vorstellungen, der Quantentheorie, notwendig. Diese Versuchsergebnisse traten infolge der Wechselwirkung von Licht und Materie auf.

Solche Erscheinungen sind z. B. Absorption und Emission von Licht, Photoeffekt (Herauslösung von Elektronen aus

Metallen unter Lichteinfluß), photochemische Effekte und viele andere.

Aus diesen Ergebnissen ging zweifellos hervor, daß Absorption und Emission nur in ganz bestimmten, sehr kleinen Energie-„Portionen“ vor sich gehen, in sogenannten „Quanten“. Die Ausbreitung der Lichtquanten im Raum erfolgt als Strom eigentümlicher Lichtteilchen, die zwar in vielen anderen Elementarteilchen ähneln, aber auch einige erstaunliche neue Eigenschaften aufweisen. Diese Lichtteilchen erhielten die Bezeichnung Photonen.

So lebte in gewissem Maße die Teilchenoptik wieder auf. Aber das war eine Wiedergeburt auf völlig neuer Grundlage. Der hauptsächliche Unterschied zwischen der Photonen- und NEWTONschen Optik besteht darin, daß den Photonen ein dualistischer Charakter zugeschrieben wird. Bei gewissen Effekten verhalten sie sich wie Teilchen, bei anderen wie Wellen. Später wurde festgestellt, daß dieser Dualismus auch den Elementarteilchen der Materie eigen ist, den Elektronen, Neutronen usw. Dieser Zustand wird als Teilchen-Wellen-Dualismus bezeichnet.

Es erhebt sich die Frage, wie man die Lichtpolarisation vom Standpunkt der Quantentheorie beschreiben kann.

Dazu ist es notwendig, die Eigenschaften der Photonen näher kennenzulernen.

Wie bereits im Kapitel IV ausgeführt wurde, wird ein Lichtquant emittiert, wenn ein Atom von einem diskreten Zustand, zu dem eine Energie E_1 gehört, in einen Zustand mit einer kleineren Energie E_2 übergeht. Die Differenz dieser Energien ist gleich der Energie des Quants: $E = E_1 - E_2$. Quantenenergie und Lichtfrequenz ν sind durch folgende Beziehung miteinander verbunden:

$$E = h\nu . \tag{1}$$

Hierbei ist h eine universelle Naturkonstante, die für alle Quanten gleich ist. Sie heißt zu Ehren des Urhebers der ersten Quantenvorstellungen PLANCKsche Konstante (Wirkungsquantum):

$$h = 6{,}62 \cdot 10^{-27} \mathrm{erg} \cdot \mathrm{s} .$$

Somit ist ersichtlich, daß einzelne Quanten außerordentlich kleine, aber doch endliche Energieportionen darstellen. Kleinere als eben diese Lichtportionen kann es bei gegebener Frequenz nicht geben.

Formel (1) gibt den dualistischen Charakter wieder; sie verbindet Quanten- und Wellencharakter des Lichtes, die Energie und Frequenz. Hieraus folgt, daß den Quanten eine um so höhere Energie entspricht, je größer die Frequenz ist. Die Frequenzen elektromagnetischer Wellen umfassen bekanntlich ein sehr breites Spektrum, angefangen von den Radiowellen über die infraroten, sichtbaren, ultravioletten und Röntgenstrahlen bis hin zu den γ-Strahlen, die von Atomkernen ausgesandt werden und die größte Frequenz (in der Größenordnung von 10^{19} Hz) besitzen. Die Energie der γ-Quanten ist um einen riesigen Faktor (etwa 10^{14} mal) größer als die der Radiowellen. Deshalb ist es verständlich, weshalb der Quantencharakter der Strahlung wesentlich stärker bei hohen Frequenzen zum Ausdruck kommt. Er hat praktisch keine Bedeutung für Radiowellen, macht sich bereits im optischen Bereich bemerkbar und spielt eine große Rolle bei der γ-Strahlung.

Die diskreten Zustände des Atoms, zwischen denen der Übergang von Quantenstrahlung begleitet wird, werden durch je vier Quantenzahlen (s. Kap. IV) beschrieben. Auswahlregeln definieren die zulässigen Veränderungen dieser Zahlen. Solche Übergänge heißen „erlaubt". Andere Übergänge sind nicht gestattet. Insbesondere sind die Auswahlregeln für die Magnetquantenzahl m ($\Delta m = 0, \pm 1$) grundlegend für die Quantentheorie der Strahlungspolarisation. Im Falle $\Delta m = 0$ wird linear polarisiertes Licht emittiert bzw. absorbiert. Für $\Delta m = +1$ ist das Licht rechtszirkular, für $\Delta m = -1$ linkszirkular polarisiert.

Es ist notwendig, sich mit den Photonen näher zu beschäftigen, will man den physikalischen Inhalt dieser Regeln verstehen. Ein emittiertes Lichtteilchen (Photon) besitzt die Quantenenergie E und bewegt sich im Vakuum mit der Lichtgeschwindigkeit c. Mit der bekannten Einstein-Beziehung zwischen der Energie und der Masse beliebiger Teilchen

$$E = m \cdot c^2$$

kann die Photonenmasse bestimmt werden:

$$m = E/c^2.$$

Wie jedes sich bewegende Teilchen besitzt auch das Photon einen Impuls

$$p = m \cdot c = Ec/c^2 = h \cdot \nu/c = h/\lambda.$$

Der Impuls ist ein Vektor, seine Richtung stimmt mit der Bewegungsrichtung des Photons überein.

Folglich scheint sich das Photon, das Energie, Masse und Impuls aufweist, prinzipiell nicht von irgendwelchen anderen Teilchen zu unterscheiden. Und dennoch ist das Photon ein besonderes Teilchen. In einigen Beziehungen unterscheidet es sich sehr von den anderen. Es genügt, sich an folgendes zu erinnern: In Übereinstimmung mit der Relativitätstheorie hängt die Masse eines beliebigen Körpers wie folgt von seiner Geschwindigkeit ab:

$$m = m_0/\sqrt{1 - v^2/c^2}$$

mit v – Geschwindigkeit des Körpers,
c – Lichtgeschwindigkeit,
m_0 – Masse des Körpers im Ruhezustand.

Normalerweise ist in der Praxis v sehr klein gegen c, so daß v/c praktisch gleich Null ist und $m = m_0$ gilt. Aber für das Photon ist $v = c$. Folglich ist der Nenner auf der rechten Seite der Gleichung gleich Null. Die Größe m, die weiter oben berechnet wurde, ist jedoch endlich. Folglich muß $m_0 = 0$ gelten, d. h. die Ruhemasse des Photons ist gleich Null im Gegensatz zur Mehrzahl der anderen Teilchen. Mit anderen Worten bedeutet das aber, daß es für das Photon keinen Zustand der Ruhe geben kann. Es kann sich nur mit der Lichtgeschwindigkeit bewegen.

2. Der Photonenspin

Außer Energie, Masse und Impuls besitzt ein Photon noch einen bestimmten Drehimpuls, den Spin. Hierin ähnelt es den anderen Elementarteilchen. Die Größe des Drehimpulses kennzeichnet die Rotationsbewegung. Er ist ein Vektor, dessen Richtung mit der Drehachse zusammenfällt und durch eine Rechtsschraube festgelegt wird. Wenn die Drehrichtung mit der Bewegung des Schraubenkopfes übereinstimmt, dann fällt die Schraubbewegung (Hinein- oder Herausschrauben) mit der Richtung des Drehimpulses zusammen.

Die Drehbewegung ist eine typische Eigenschaft der Natur. Die Rotation der Galaxis, die Planetenbewegung um die Sonne und ihre eigene Achse, die Drehbewegung der Atome in den Molekülen, das Kreisen der Elektronen um die Atomkerne und vieles andere sind Beispiele dafür. Man fand, daß auch Elementarteilchen um ihre eigene Achse rotieren, d. h. sie besitzen einen Drehimpuls. Dieser Drehimpuls wird bei Elementarteilchen mit Spin bezeichnet. Der Spin ist eine der grundlegenden und typischen Eigenschaften der Elementarteilchen neben Masse, elektrischer Ladung usw. Der Spin wird gewöhnlich in Einheiten von $h/2\pi$ gemessen, wobei h die schon bekannte PLANCKsche Konstante ist. Bei fast allen Elementarteilchen beträgt der Spin 0, 1/2 oder 1. Dabei gibt es wichtige Unterschiede in den Eigenschaften und im Verhalten der Teilchen, je nachdem, ob der Spin halb- oder ganzzahlig ist. Ein Beispiel für ein Teilchen mit dem Spin 1/2 ist das Elektron.

Der Photonenspin ist gleich Eins. Der Spin eines Teilchens ist eine äußerst kleine Größe (man erinnere sich, wie klein h ist!). Wie alle anderen Quanteneigenschaften, spielt auch er nur in der Mikrowelt eine große Rolle. Man muß also nochmals unterstreichen, daß der Spin naturgemäß eine typische Quanteneigenschaft eines Teilchens ist und genau genommen nicht aus klassischen Vorstellungen abgeleitet werden kann. Die Vorstellung des um seine Achse rotierenden Teilchens, die oben gebraucht wurde, ist also nicht mehr als ein anschauliches Modell. Die Quantennatur des Spins zeigt sich darin, daß er nicht beliebige, sondern nur bestimmte, diskrete Richtungen im Raum annehmen kann.

So führt das Vorhandensein des Photonenspins zum Begriff der Anisotropie des Photons.

Damit wird ein Anschluß an die NEWTONsche Theorie der Lichtkorpuskeln sichtbar. Der Unterschied besteht durch die Betrachtung „verschiedener Seiten mit verschiedenen typischen Eigenschaften" einer Erscheinung.

Zweifellos kann man nur mit der Annahme über die Spinorientierung der Photonen versuchen zu verstehen, daß Lichtpolarisation vom Standpunkt der Quantentheorie Polarisation der Photonen bedeutet.

3. Der Drehimpuls bei zirkular polarisiertem Licht

Sogar ohne Beachtung der Quantentheorie kann man ganz im Rahmen der klassischen Physik zeigen, daß dem Licht mit zirkularer Polarisation ein gewisser Drehimpuls eigen ist, dessen Richtung mit der der Lichtausbreitung zusammenfällt.

Was passiert, wenn solches Licht auf seinem Wege auf Atome trifft, in denen es Elektronen gibt, die in beliebiger Richtung unter dem Einfluß des elektrischen Feldes der Lichtwelle schwingen können? Ein Elektron wird in einer gewissen Richtung X durch die Feldkomponente E_x verschoben werden und außerdem auf der Y-Achse mit einem Phasenunterschied von 90° durch die Komponente E_y. Folglich wird das Elektron, bedingt durch das elektrische Feld, eine rotierende Kreisbewegung ausführen. Einer solchen Bewegung entspricht ein bestimmter Drehimpuls.

Aus den Erhaltungssätzen folgt, daß dieser Drehimpuls, ebenso wie die Energie, die zur Loslösung eines Elektrons aufgewendet wird, vom absorbierten Licht auf das Atom übertragen wird. Folglich muß zirkular polarisiertes Licht einen Drehimpuls übertragen. Es ist offensichtlich, daß dabei die Drehimpulse des rechts- und linkszirkular polarisierten Lichtes entgegengesetzte Vorzeichen tragen müssen. Linear polarisiertes Licht kann keinen solchen Drehimpuls besitzen.

Der Drehimpuls des zirkular polarisierten Lichtes wurde in den 30iger Jahren des 20. Jahrhunderts experimentell entdeckt und gemessen. Die Experimente waren theoretisch einfach, in der Durchführung jedoch ziemlich schwierig.

In den vertikal gerichteten Strahlengang eines zirkular polarisierten Lichtbündels wurde ein horizontales $\lambda/2$-Phasenplättchen gebracht, das an einem dünnen Quarzfaden hing. Das Plättchen, das den Faden verdrehte, stellt sich auf einen kleinen Winkel ein, den man äußerst präzis gemessen hat. Unabhängig davon hatte man auch den Torsionsmodul des Fadens sehr genau gemessen. Aus diesen Größen konnte man den Drehimpuls berechnen, der auf das Plättchen übertragen worden war. Es ist leicht zu verstehen, warum man für dieses Experiment ein $\lambda/2$-Phasenplättchen und nicht ein $\lambda/4$-Plättchen verwendet hat. Das erstere stellt praktisch zwei letztere dar. Das $\lambda/2$-Plättchen wandelt das rechtszirkulare Licht in linkszirkulares um (oder umgekehrt). Deshalb wird bei seiner Verwendung der vom Licht übertragene Drehimpuls doppelt so groß wie beim $\lambda/4$-Plättchen.

Wenn man die Energie des Lichtbündels gemessen hat und die Frequenz kennt, kann man die Zahl der durch das Plättchen gehenden Photonen ausrechnen und dann auf den Drehimpuls eines Photons schließen. Er ergab sich zu $h/2\pi$, d. h. er stimmte mit der Größe des Photonenspins überein.

4. Polarisation der Photonen

Der Photonenspin kann nur diskrete Orientierungen besitzen. Es gibt nur zwei mögliche Richtungen: entweder in Richtung der Photonenbewegung (parallel) oder entgegengesetzt (antiparallel). Der erste Fall bedeutet rechtszirkular, der zweite linkszirkular polarisiertes Licht.

Hier tritt eine historisch begründete Unzulänglichkeit zutage. Der Richtungssinn der zirkularen Polarisation (rechts und links) ist in der klassischen und Quantenoptik genau entgegengesetzt. In der klassischen Theorie ist die Rechtszirkularität so definiert, daß für einen Beobachter, der dem Strahl entgegensieht, die Drehung des Vektors $\boldsymbol{E}$ im Uhrzeigersinn erfolgt (Abb. 58a). In der Quantentheorie ist die Definition des

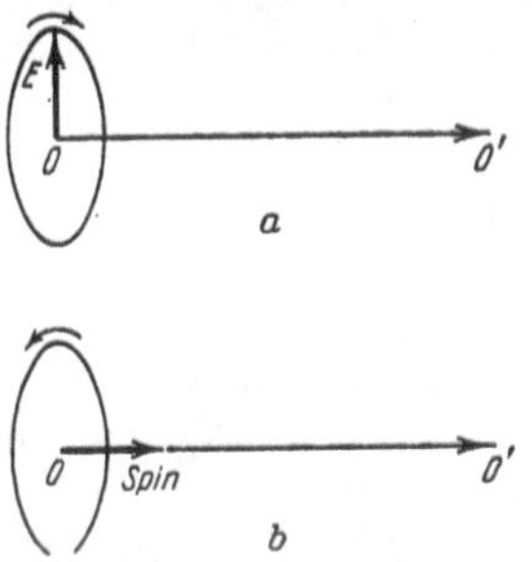

Abb. 58. Definition der rechtszirkularen Polarisation nach der klassischen Theorie (a) und nach der Quantentheorie (b).
OO' – Fortpflanzungsrichtung des Lichtes

rechtszirkularen Lichtes (in Übereinstimmung mit der Rechtsschraubenregel) umgekehrt (Abb. 58b). Das sollte man immer beachten, um Mißverständnisse auszuschließen.

Ein Lichtstrom, in dem alle Photonen rechtszirkular polarisiert sind, ist demzufolge linkszirkular polarisiert und umgekehrt. Das ist eine durch die beiden Definitionen bedingte Schwierigkeit.

Aber wie kann man sich nun linear polarisiertes Licht vorstellen? Ein Photon kann nicht linear polarisiert sein. Aber Kombinationen, oder genauer gesagt, die Superposition zweier Photonen (eines rechten und eines linken) entspricht der linearen Photonenpolarisation. Man erinnere sich daran, wie weiter oben im Kapitel III gezeigt wurde, daß die Addition von zwei zirkular polarisierten Strahlen (rechts und links) mit der gleichen Intensität insgesamt einen linear polarisierten Strahl ergibt. In der Quantensprache kann man sagen, daß ein Lichstrom dann linear polarisiert ist, wenn er die gleiche Anzahl kohärenter links- und rechtszirkularer Photonen enthält. Dabei ist jedes Photon des linear polarisierten Lichtes eine Überlagerung zweier entgegengesetzt zirkularer.

In der Quantentheorie kann man alle Formen der Lichtpolarisation beschreiben. N_1 sei die Zahl linkszirkularer Photonen, N_2 die Zahl rechtszirkularer Photonen in einem Lichtstrom.

Wenn $N_1 = 0$, aber $N_2 \neq 0$ bzw. $N_1 \neq 0$ und $N_2 = 0$ ist, dann ist das Bündel zirkular polarisiert (entsprechend rechts- oder linkszirkular).

Wenn $N_1 = N_2$ und die Photonen kohärent sind, dann ist der Lichtstrom linear polarisiert.

Wenn $N_1 \neq N_2$ ($N_1 \neq 0$; $N_2 \neq 0$) und die Photonen kohärent sind, dann liegt elliptische Polarisation vor.

Wenn $N_1 \neq N_2$ und die Photonen inkohärent sind, dann ist die Polarisation teilweise zirkular.

Wenn schließlich $N_1 = N_2$ und die Photonen inkohärent sind, dann ist das Licht unpolarisiert und natürlich.

Hier wird natürlich unsere „Inkonsequenz" offensichtlich. Einerseits sprechen wir von Teilchen — den Photonen, und andererseits über ihre Kohärenz. Gleichzeitig wurde im vorhergehenden Kapitel erläutert, daß Kohärenz ein Begriff ist, der Wellen charakterisiert. Diese Inkonsequenz ist jedoch durch Teilchen-Welle-Dualismus bedingt.

Jetzt ist auch die Bedeutung der Auswahlregeln für die magnetische Quantenzahl m verständlich, die die Polarisation des vom Atom ausgesandten Lichtes bestimmen. Sie können aus dem Drehimpuls-Erhaltungssatz abgeleitet werden. Die Quantenzahl m bestimmt diskrete Projektionswerte des Drehimpulses eines Elektrons im Atom auf die Richtung des äußeren Magnetfeldes.

Bekanntlich sind für diese Quantenzahl nur folgende Änderungen erlaubt: $\Delta m = 0$ oder ± 1.

Wenn $\Delta m = 0$ ist, bedeutet das, daß der Drehimpuls des Elektrons im Atom sich bei Lichtaussendung nicht geändert hat. Folglich muß das ausgesandte Licht linear polarisiert sein, weil nur in diesem Falle sich die parallelen und antiparallelen Spins der Photonen genau kompensieren, wie wir jetzt wissen.

Für den Fall $\Delta m = \pm 1$ besitzt das ausgesandte Licht einen eigenen Drehimpuls (Spin) in der einen oder anderen Richtung.

Folglich wird für den Fall $\Delta m = +1$ rechtszirkular, bei $\Delta m = -1$ linkszirkular polarisiertes Licht abgestrahlt.

Wie schon erwähnt, zeigen sich Quanteneffekte und quantenhaftes Verhalten besonders gut bei γ-Photonen. Das betrifft auch ihre Polarisationseigenschaften. Deshalb wird die Polarisation von γ-Photonen gewöhnlich durch Begriffe der Quantenphysik beschrieben. Dabei wird der Begriff „Spiralität" benutzt. Ein γ-Photon, dessen Spin parallel zum Impuls ist (rechtszirkulare Polarisation), besitzt in dieser Terminologie eine positive Spiralität. Im Fall eines γ-Photons mit antiparallelem Spin (linkszirkulare Polarisation) spricht man von einer negativen Spiralität.

Photonen des sichtbaren und ultravioletten Lichtes entstehen bei Elektronenübergängen zwischen den äußeren Orbitalen in den Atomen. Die Röntgenstrahlen werden ausgesandt, wenn Elektronen von einem nahe am Atomkern gelegenen inneren Orbital auf ein anderes inneres übergehen.

Die γ-Photonen entstehen bei Prozessen, die im Inneren des Atomkerns vor sich gehen. Deshalb ergibt die Untersuchung der Polarisation von γ-Photonen wertvolle Informationen über den Aufbau und die Eigenschaften des Atomkerns. Als Beispiel genügt es, dafür solche fundamentalen Erkenntnisse zu nennen, wie den Beweis der Nichterhaltung der Parität beim β-Zerfall oder die Vorzeichenbestimmung der Spiralität des Neutrinos.

Selbstverständlich sind die gewöhnlichen experimentellen Methoden zur Untersuchung der Polarisation, die in den vorangegangenen Kapiteln des Buches dargelegt wurden, für γ-Strahlen ungeeignet. γ-Strahlen besitzen ein hohes Durchdringungsvermögen und können praktisch in keinem Medium gebrochen werden.

Ein grundlegender Wechselwirkungsprozeß der Quanten mit Substanzen, der zur Untersuchung ihrer Polarisation verwendet wird, ist die Streuung. Am häufigsten wird der COMPTON-Effekt ausgenutzt, d. h. die Streuung von γ-Photonen an Elektronen.

Die physikalischen Aspekte der Polarisation bei der Streuung von sichtbarem Licht und γ-Strahlen sind identisch, beide gründen sich auf eine ihnen gemeinsame fundamentale Eigenschaft, auf ihre Transversalität (s. Kapitel V). Diese Eigenart führt dazu, daß man bei der Beobachtung von gestreutem natürlichen Licht unter einem Winkel von 90° zum durchgelassenen Strahl linear polarisiertes Licht erhält.

Wenn aber das auffallende Licht linear polarisiert ist, dann erfolgt die Streuung vor allem in einer zum Polarisationsvektor senkrechten Ebene. Das eröffnet prinzipiell die Möglichkeit, die Richtung der vollständigen oder vorherrschenden Polarisation zu bestimmen und den Polarisationsgrad zu messen. Der Versuch wird in Abb. 59 schematisch gezeigt. Das einfachste COMPTON-Polarimeter besteht aus einem Kollimator für γ-Quanten (aus Blei oder Wolfram), einem streuenden Objekt (das kann z. B. Blei oder Kupfer sein) und einem γ-Quanten-Zähler (z. B. GEIGER-Zähler oder Szintillationszähler).

Die Bestimmung der zirkularen Polarisation von γ-Quanten ist schwieriger, aber auch möglich. Durch die zirkulare Polarisation kann man ebenfalls wichtige Daten erhalten. Insbesondere ist es möglich, Aussagen über die Orientierung der Atomkerne zu machen und das Vorzeichen des magnetischen Moments angeregter Kernniveaus zu bestimmen.

Ein anderes Untersuchungsverfahren der Polarisation von γ-Strahlen ist der Photoeffekt, denn die Eigenschaften der herausgelösten Elektronen hängen von der Polarisation der auffallenden γ-Quanten ab. Hierzu soll

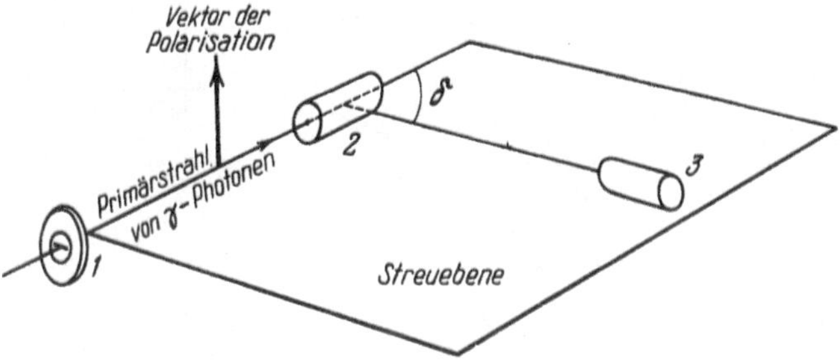

Abb. 59. Schema des COMPTON-Polarimeters für γ-Photonen
1 – Kollimator, 2 – streuende Substanz, 3 – Zähler

bemerkt werden, daß eine Polarisation auch bei anderen Elementarteilchen, z. B. Elektronen, Protonen, Neutronen usw. beobachtet wird. Ebenso wie den Photonen kann man diesen Teilchen einen Spin zuordnen. Der Spin des Elektrons ist 1/2 (in den gleichen Einheiten, in denen der Spin des Photons 1 beträgt).

Allerdings gibt es einen wichtigen Unterschied zwischen der Polarisation von Photonen und der Polarisation von Elektronen. Bei den Photonen können nur zwei Orientierungen des Spins auftreten: parallel oder antiparallel zur Ausbreitungsrichtung. Für die Elektronen gibt es ebenfalls nur zwei verschiedene Spinzustände. Die Richtung, zu der der Elektronenspin parallel oder antiparallel orientiert ist, kann aber willkürlich gewählt werden und muß nicht mit der Richtung des Impulses des Elektrons übereinstimmen. Deshalb kann sowohl eine transversale als auch eine longitudinale Polarisation bei den Elektronen auftreten.

In Abb. 60 wird gezeigt, wie mit Hilfe eines senkrechten elektrischen Feldes ein longitudinal polarisierter Elektronenstrahl (A) in einen transversal polarisierten (B) überführt werden kann. In diesem Feld beschreiben die Elektronen eine gekrümmte Bahn, wobei aber die Richtung des Spins unverändert bleibt.

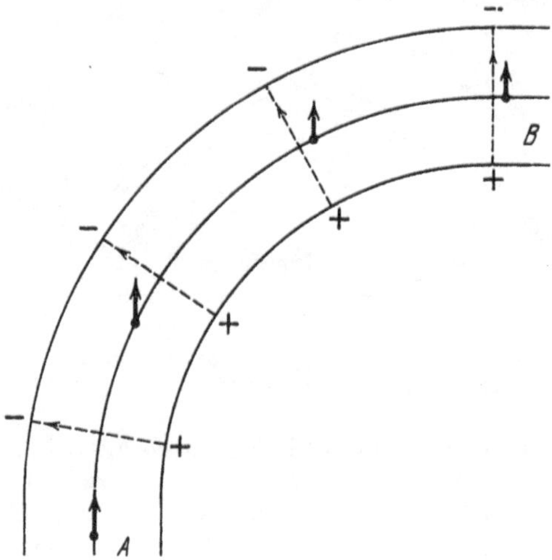

Abb. 60. Polarisationsänderung eines Elektronenstrahls von longitudinaler zu transversaler Polarisation im elektrischen Feld

Die Ursache dafür, daß bei Photonen nur eine transversale Polarisation auftreten kann, wird in der Relativitätstheorie begründet. Teilchen mit der Ruhemasse Null (Photonen) können nicht ruhen, sondern bewegen sich immer mit der Lichtgeschwindigkeit c. Dagegen können Teilchen mit endlicher Ruhemasse relativ zu einem Beobachter ruhen.

Die Polarisation der Elementarteilchen ist eine wichtige Eigenschaft bei der Durchführung zahlreicher Experimente.

KAPITEL VIII

Die Polarisation des Lichtes – ein genaues Instrument der wissenschaftlichen Forschung

Alle Eigenschaften des polarisierten Lichtes, mit denen wir uns in den vorausgegangenen Kapiteln vertraut gemacht haben, weisen darauf hin, daß das polarisierte Licht zur Erforschung anisotroper Stoffe zu verwenden ist. Die Wechselwirkung polarisierten Lichtes mit einem beliebigen anisotropen Medium liefert Informationen über diese Anisotropie. Man muß diese Informationen nur mit größtmöglichem Effekt nutzen können.

Die Eigenschaft einer natürlichen oder künstlichen Anisotropie besitzen die verschiedensten Stoffe und Medien. Man kann folgende Arten der Anisotropie nennen: Der extremste Fall ist die völlige Anisotropie: das Medium besteht aus anisotropen Molekülen, die alle gleich orientiert sind. Wenn alle Moleküle orientiert sind, die Orientierung aber nicht bei allen Molekülen gleich ist, sondern mehrere Arten der Orientierung vorliegen (ein typisches Beispiel für solche Medien sind die molekularen Einkristalle), so kann man dieses Medium schon nicht mehr als völlig anisotrop bezeichnen. Der andere Extremfall ist die völlige Isotropie eines aus isotropen Teilchen bestehenden Mediums, z. B. ein atomares Gas. Es kann den Anschein haben, daß auch ein aus anisotropen Molekülen bestehendes Medium völlig isotrop ist, wenn diese Moleküle entweder völlig ungeordnet, chaotisch angeordnet sind (z. B. eine flüssige Lösung) oder so angeordnet und orientiert sind, daß die optischen Eigenschaften des Mediums in allen Richtungen gleich sind (z. B. ein kubischer Kristall). Makroskopisch ist solch ein Medium tatsächlich isotrop. Doch die Tatsache, daß es aus anisotropen Elementen besteht, erlaubt es, von seiner

„verborgenen“ Anisotropie zu sprechen. Diese innere Anisotropie kann mit unterschiedlichen experimentellen Methoden aufgedeckt werden. Oft ist es günstig, das mit Hilfe der Lichtpolarisation zu tun.

Zwischen der völligen Anisotropie und der völligen Isotropie gibt es natürlich Übergangsfälle teilweiser oder unvollständiger Anisotropie. In einem solchen Medium gibt es keine völlige Orientierung der anisotropen Teilchen, sondern nur eine bevorzugte. Ein solches Medium kann man sich als Gesamtheit eines völlig anisotropen und eines völlig isotropen Mediums vorstellen, wobei diese Medien in dem einen oder anderen Verhältnis vorliegen. Beispiele für teilweise anisotrope Medien kann man in großer Zahl bei verschiedenen Schichten, Fasern und Fäden finden, sowohl bei natürlichen als auch bei künstlichen. Eine teilweise Orientierung tritt unter äußeren Einwirkungen, z. B. in elektrischen und magnetischen Feldern, auch bei isotropen Medien auf (z. B. in flüssigen Lösungen). Es ist auch eine teilweise Orientierung in einem Flüssigkeitsstrom möglich (dynamisch-optischer Effekt).

Bei mechanischer Streckung polymerer Schichten wird derselbe Effekt erzielt. Jedoch werden dabei nicht einzelne Makromoleküle des Polymers orientiert, sondern ganze „Pakete“ solcher Makromoleküle, die man als Domänen oder als Gebiete spontaner Orientierung bezeichnen kann. Diese spontane Orientierung der Moleküle innerhalb solcher Gebiete erfolgt auf Grund der Wechselwirkung der Moleküle. So liegt also auch in den nicht gestreckten isotropen Schichten eine verborgene „Paket“- oder Domänenanisotropie vor.

Als weiteres Beispiel für verborgene Anisotropie können die polykristallinen pulverförmigen Stoffe dienen. Jeder einzelne mikroskopische Einkristall verfügt über völlige oder teilweise Anisotropie, doch zueinander sind sie in der Regel völlig chaotisch orientiert.

Eine sehr große Anzahl verschiedenartiger interessanter Beispiele verborgener wie auch teilweiser Anisotropie, die sowohl vom Standpunkt der Erkenntnis als auch der Praxis höchst wichtig sind, kann man bei den elementaren biologischen Objekten finden. Die modernen Methoden zur Erforschung solcher Objekte (insbesondere mit Elektronenmikroskopen) zeigen, daß sie fast alle eine hochorganisierte, komplizierte Struktur haben. Nervenfasern, Chloroplaste, verschiedene Zellbausteine – Mitochondrien Ribosome usw. – allen ist eine molekulare Ordnung und Strukturiertheit eigen. Doch diese Struktur ist viel komplizierter als die kristalline. Hier liegt keine einfache Wiederholung einer Elementarzelle vor, stattdessen eine Art Hierarchie der Strukturen – die elementaren Strukturen sind Untereinheiten von sekundären Strukturen und diese ihrerseits von komplizierteren tertiären usw. Es besteht kein Zweifel an der großen biologischen Zweckmäßigkeit und Bedeutung all dieser Strukturen, wodurch auch die Notwendigkeit ihrer Erforschung erklärt wird.

Recht verbreitet sind unter den biologisch wichtigen Molekülen asymmetrische Verbindungen, d. h. solche, die in einer Links- und in einer Rechtsform existieren. Ihre wichtigste Eigenschaft ist die Drehung der Polarisationsebene. Dementsprechend dient diese auch als wirksamste Methode ihrer Erforschung. Außer in Biochemie und Biologie haben diese Untersuchungen große Bedeutung in der Stereochemie und der Kristallographie.

Als die wichtigsten auf der Lichtpolarisation beruhenden Methoden zur Erforschung der Anisotropie eines Stoffes sind Polarisationslumineszenz, Dichroismus, optische Aktivität und Doppelbrechung anzusehen.

Ohne uns die Aufgabe zu stellen, dieses umfangreiche und vielfältige Forschungsgebiet auch nur annähernd umfassend zu behandeln, werden wir in den folgenden Abschnitten lediglich eine Reihe von Beispielen anführen, die die Fruchtbarkeit der angegebenen Methoden illustrieren.

Hier werden wir über die experimentellen Methoden und Geräte zur Messung der Polarisationscharakteristiken des Lichtes berichten.

1. Experimentelle Methoden zur Messung des Polarisationsgrades und der Drehung der Polarisationsebene

Eine ausführliche Darlegung der experimentellen Seite des Problems ist nicht Aufgabe dieses Buches. Der Interessierte kann technische Einzelheiten und die Beschreibung der vielfältigen konkreten Geräte in der Spezialliteratur finden[1]. Wir wollen uns hier auf die Darlegung nur der allgemeinen Ideen und der physikalischen Prinzipien der experimentellen Methoden zur Messung der grundlegenden Polarisationscharakteristika beschränken.

Alle Geräte, die zur Messung der Lichtpolarisation grundsätzlich geeignet sind, heißen Polarimeter. Ein Nachteil dabei ist ein und dieselbe Bezeichnung für Geräte, die der Messung verschiedener Charakteristika dienen. Dieser Umstand ergibt sich jedoch aus der historischen Entwicklung. Physiker bezeichnen gewöhnlich Geräte, mit denen der Polarisationsgrad des Lichtes gemessen werden kann, als Polarimeter. Die Chemiker dagegen verstehen darunter Meßgeräte, mit denen man den Drehwinkel der Polarisationsebene feststellen kann. In diesem Fall bezeichnet man die Polarimeter manchmal auch als Saccharimeter (weil in der Praxis Zucker einer der wichtigsten optisch aktiven Stoffe ist). Falls die Messung nicht integral, sondern spektral durchgeführt wird, d. h. getrennt für verschiedene Wellenlängen, heißen diese Geräte wiederum in beiden Fällen Spektralpolarimeter. Zuerst sollen die Polarimeter behandelt werden, die der Messung des Polarisationsgrades dienen.

Im Kapitel VI wurde bereits besprochen, daß eine Kombination aus einem Kristallplättchen und einem Nicol-Analysator in der Lage ist, das Vorhandensein der Lichtpolarisation auf Grund des Auftretens eines Inter-

---

[1] Zum Beispiel in dem Buch: B. I. Vasil'ev: Optika poljarizacionnych priborov. Moskau 1969.

ferenzbildes festzustellen. Ein solcher Aufbau wird zu einem Polarimeter, wenn man ihn mit einem Kompensator ergänzt (Abb. 61). Hierzu dient meist ein Glasplattensatz, der das durchgehende Licht teilweise polarisiert (s. Kapitel V).

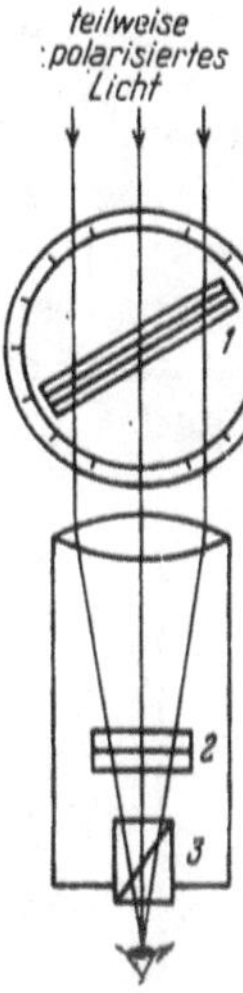

Abb. 61. Schema eines Polarimeters mit SAVARTschem Polariskop und kompensierendem Glasplattensatz
1 – kompensierender Glasplattensatz
2 – SAVARTsche Platte, 3 – NICOL

Diese von einem solchen Glasplattensatz verursachte Polarisation ist von seiner Orientierung bezüglich der Strahlrichtung und der Vorzugsrichtung des elektrischen Feldstärkevektors abhängig. Man kann den Glasplattensatz so einstellen, daß die durch ihn bewirkte Polarisation dem Betrage nach gleich ist derjenigen des zu messenden Lichtstromes, jedoch mit entgegengesetztem Vorzeichen. Dann wird der Beobachter feststellen, daß das Interferenzbild verschwindet. Es ist leicht zu verstehen, daß man den Glasplattensatz um die Achse drehen muß, die mit der Vorzugsrichtung der Lichtschwingungen zusammenfällt, um die Lage zu finden, bei der die Kompensation auftritt. Dann werden sie zur „streifenden“ Komponente und werden wegen der Reflexion stärker geschwächt. Vor den Messungen muß natürlich der Stapel mit einer Lichtquelle bekannter Polarisation geeicht werden. Das ist einer der Umstände, die die Meßgenauigkeit begrenzen.

Das ebenfalls weit verbreitete CORNU-Polarimeter beruht auf der Aufspaltung der zueinander senkrechten Komponenten mit einem WOLLASTON-Polarisationsprisma. In den Strahlengang beider Strahlen wird der Analysator gebracht, mit dem man die Helligkeit der Felder beider Ströme einander angleichen kann. Abb. 62

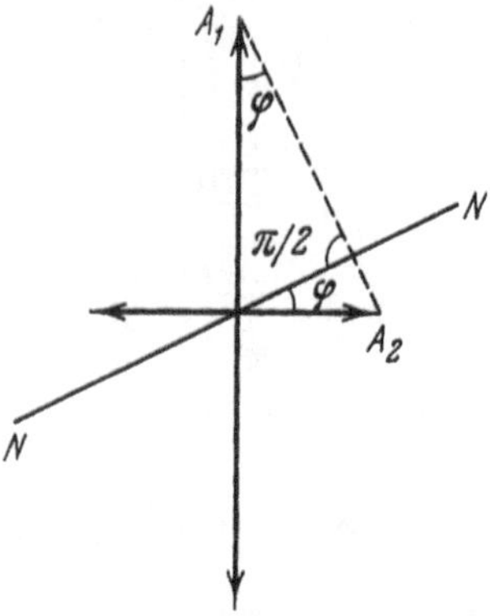

Abb. 62. Schema zur Erläuterung des Arbeitsprinzips des CORNU-Polarimeters

erläutert das. Die Helligkeit beider Felder wird bei einer solchen Orientierung des NICOL-Prismas gleich sein, bei der die Projektionen der Komponenten A_1 und A_2 auf die durchgehende Richtung N einander gleich sind. Aus der Abbildung kann man leicht entnehmen, daß folgendes gilt: $\tan \varphi = A_2/A_1$, das Verhältnis der Intensitäten ist $I_2/I_1 = \tan^2 \varphi$, und der Polarisationsgrad beträgt $P = (I_1 - I_2)/(I_1 + I_2) = (1 - \tan^2\varphi)/(1 + \tan^2\varphi) = \cos 2\varphi$.

Gerade dieser Winkel 2φ läßt sich im Versuch leicht messen, dieser Winkel entspricht der Drehung des Analysators zwischen zwei Stellungen, bei denen die Helligkeit beider Felder gleich ist. Ein Kompensator wird hierbei nicht benötigt. Deshalb ist das CORNU-Polarimeter sehr handlich und einfach zu bedienen.

Die Genauigkeit visueller Meßmethoden des Polarisationsgrades ist jedoch durch das Kontrast-Empfindungsvermögen des menschlichen Auges begrenzt, d. h. durch die Fähigkeit des Auges, verschiedene Helligkeiten zu unterscheiden. Wenn die Helligkeitsdifferenz genügend klein ist, wird sie vom Auge nicht mehr wahrgenommen. Das führt zu Fehlern bei der Messung des Polarisationsgrades. Besonders groß werden diese Fehler, wenn der Polarisationsgrad klein und die Intensität des zu messenden Lichtbündels schwach ist, wie es häufig bei wissenschaftlichen und praktischen Aufgaben der Fall ist.

Bei photoelektrischen Lichtverstärkern (sog. Sekundärelektronen-Vervielfachern SEV) kann eine sehr hohe Empfindlichkeit erreicht werden. Folglich besitzen sie auch eine sehr hohe Kontrastempfindlichkeit bei der Messung von zwei Lichtbündeln unterschiedlicher Lichtstärke entweder gleichzeitig mit zwei SEV oder nacheinander mit ein und demselben SEV. Die Herstellungstechnologie der SEV wird ständig verbessert, die Empfindlichkeit ist heute schon sehr groß und wird noch weiter erhöht.

Deshalb wurden in den letzten Jahren auch photoelektrische Geräte zur Messung des Polarisationsgrades mit Erfolg entwickelt. Es existieren zwei Arten: Die eine beruht auf der modulierten, die andere auf der statischen Messung des Polarisationsgrades. Beim ersten Typ wird die Intensität des polarisierten Lichtes moduliert, d. h. sie ändert sich periodisch mit der Zeit. Dabei wird zum Beispiel im einfachsten Fall in den Lichtweg eine rotierende Sektorscheibe gebracht. Auf den SEV fällt dann ein zerhacktes Lichtsignal, vom SEV kommt ein zerhacktes elektrisches Signal, dessen Modulationsstufe (d. h. relative Änderung mit der Zeit) eindeutig mit dem Polarisationsgrad zusammenhängt. Deshalb ist es möglich, diesen so zu messen.

Die statische Methode basiert auf der Einzelmessung der Komponenten mit zueinander senkrechter Polarisation, in die der Lichtstrom, beispielsweise mit einem Polarisationsprisma mit großem Ablenkwinkel (etwa dem ABBÉ-Prisma) aufgeteilt wird.

Moderne photoelektrische Polarimeter zeigen eine hohe Empfindlichkeit und Genauigkeit.

Es soll nun der zweite Typ von Polarimetern behandelt werden, die Geräte zur Messung der Drehung der Polarisationsebene.

Die einfachste Meßanordnung für diese Aufgabenstellung besteht aus einem Paar gekreuzter NICOL-Prismen. Wenn man zwischen sie ein optisch aktives Medium bringt, tritt eine Aufhellung ein. Man kann diese Helligkeit zum Verschwinden bringen, wenn man den Analysator um einen solchen Winkel dreht, der dem gesuchten Drehwinkel der Polarisationsebene gleich ist. Eine solche einfache Methode ist jedoch ziemlich ungenau. Eine verbreitete Anwendung fanden die sog. Halbschatten-Geräte, bei denen die Einstellung nicht zu vollkommener Dunkelheit führt, sondern zu gleicher Leuchtstärke zweier Halbfelder, was eine große Meßgenauigkeit mit sich bringt. Das wird folgendermaßen erreicht: Der Polarisator wird durch ein Paar von Polarisatoren ersetzt, die das Beobachtungsfeld in zwei Gebiete unterteilen. Die jeweils von ihnen durchgelassenen Schwingungsrichtungen bilden einen kleinen Winkel. Beide Hälften werden dann gleich hell sein, wenn man den Analysator auf die Winkelhalbierende zwischen diesen beiden Richtungen einstellt. Wenn man nun zwischen den zweifachen Polarisator und dem Analysator einen optisch aktiven Stoff bringt, wird die Gleichheit der Helligkeit gestört. Sie wird wieder hergestellt, indem man den Analysator um den Winkel dreht, der dem Drehwinkel der Polarisationsebene im aktiven Stoff entspricht.

Für exakte Messungen werden auch auf diesem Gebiet in letzter Zeit photoelektrische Geräte angewendet. Hier wird die Einstellung auf das Intensitätsminimum des Lichtes (d. h. „Dunkelheit"), das durch den Polarisator, den aktiven Stoff und den Analysator geht, ausgenutzt. Mit einer Analysatordrehung wird die Drehung der Polarisationsebene im Stoff kompensiert. Auf diese Weise arbeitet das Gerät unkompliziert. Die photoelektrische Messung erhöht die Genauigkeit jedoch ganz beträchtlich. Um die Empfindlichkeit und Genauigkeit noch weiter zu vergrößern, wird das Signal zerhackt, moduliert. Eine der besten Modulationsmethoden beruht auf dem FARADAY-Effekt in einem magnetischen Wechselfeld, das eine Schwingung der Polarisationsebene um ihre Nullage hervorruft. Das modulierte Signal wird vom SEV mit einer bekannten Frequenz auf eine spezielle elektronische Anlage gegeben. Bei gekreuzten NICOL-Prismen ist das Signal am Ausgang des Geräts gleich Null (bzw. minimal), wenn keine optisch aktive Substanz vorliegt. Beim Einführen einer aktiven Substanz entsteht ein Signal, das durch eine genaue Winkeleinstellung des Analysators zu Null kompensiert wird (bzw. auf ein Minimum). Die Meßgenauigkeit für die Drehung der Polarisationsebene beträgt bei solchen Geräten einige Winkelsekunden.

2. Polarisationslumineszenz

Mit Hilfe der Polarisationslumineszenz ist es möglich, die Wechselwirkung zwischen Molekülen in flüssigen und festen Körpern zu untersuchen.

Eine der wichtigsten und verbreitesten Formen der zwischenmolekularen Wechselwirkung in der Natur ist der Austausch von Aktivierungsenergie. Wenn ein Molekül ein Energiequant bei einer äußeren Anregung (Licht, chemische Anregung u. a.) aufnimmt, dann gibt es diesen Überschuß nach einem sehr kurzen Zeitintervall (Bruchteile einer Sekunde) wieder an das umgebende Medium ab, indem es z. B. ein Lichtquant ausstrahlt oder die Temperatur des Mediums erhöht.

Es zeigt sich, daß ein weiterer Prozeß möglich ist. Das angeregte Molekül kann einem anderen Molekül, das bis dahin nicht aktiviert war, die Aktivierungsenergie übertragen. Natürlich darf hierbei das zweite Molekül nicht zu weit entfernt sein.

Dieser Prozeß der Übertragung von Aktivierungsenergie wird auch als Migration der Energie bezeichnet. Er ist schon allein deshalb interessant, weil er einen neuen Typ der Energieausbreitung im Raum darstellt. Die Migration der Energie spielt eine wichtige Rolle bei biologischen Prozessen (insbesondere bei der Photosynthese), aber auch bei vielen Erscheinungen der Photochemie, der Festkörperphysik u. a. m.

Hierbei zeigt es sich, daß die Polarisationslumineszenz eine exakte Methode ist, diesen Prozeß zu untersuchen. Betrachten wir zunächst eine Lösung, so wissen wir (Kap. IV), daß die Lumineszenz von Lösungen teilweise polarisiert ist, wenn sie durch polarisiertes Licht hervorgerufen wird. Der Polarisationsgrad P der Luminiszenz ist für verschiedene gelöste Stoffe unterschiedlich, weil er von der Anisotropie der betreffenden Moleküle abhängt. Weiterhin hängt P von der Temperatur und der Zähigkeit der Lösung ab.

Der Polarisationsgrad P hängt aber auch von der Konzentration der Lösung ab. In Abb. 63 ist das Ergebnis einer Reihe von Messungen dargestellt, bei denen die Konzentration eines lumineszierenden Stoffes (Fluoreszein) in einer Lösung (Lösungsmittel Glyzerin) geändert wurde. Temperatur und Zähigkeit der Lösung wurden nicht geändert. Bei geringen Konzentrationen (bis zu einem zehntausendstel Prozent) bleibt der Polarisationsgrad konstant. In dem Bereich, wo die Konzentration die Größenordnung von hundertstel bis zehntel Prozent beträgt, verringert sich der Polarisationsgrad stark und geht gegen Null bei etwa einem Prozent.

Dieses Experiment läßt sich folgendermaßen deuten.

Mit zunehmender Konzentration werden die Abstände zwischen den gelösten Molekülen kleiner, und damit ist die Übertragung der Anregungsenergie von einem Molekül zu einem anderen möglich. Wir erinnern uns, daß die Fluoreszenz der Lösung nur dann polarisiert ist, wenn sie durch linear polarisiertes Licht angeregt wird. Dabei wer-

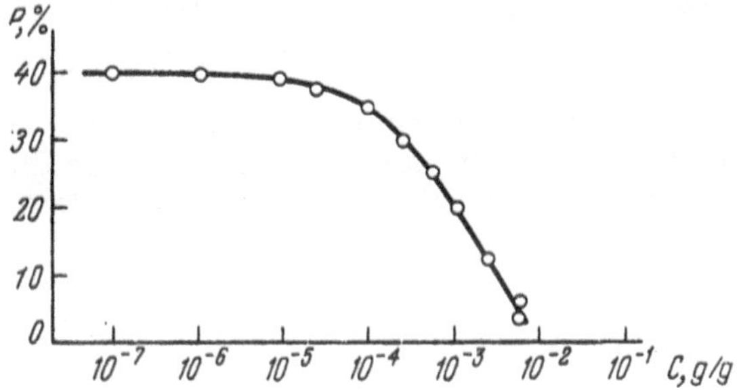

Abb. 63. Konzentrationsdepolarisation der Lumineszenz von Lösungen von Fluoreszein

den vor allem diejenigen Moleküle angeregt, deren Absorptionsoszillatoren so orientiert sind, daß ihre Richtung annähernd die Richtung des elektrischen Vektors des anregenden Lichtes hat. Bei der Übertragung der Anregungsenergie auf ein anderes Molekül wird im allgemeinen Fall das zweite Molekül anders als das erste orientiert sein. Es entsteht somit ein Verlust der Anisotropie, die in der Lösung bei der Anregung geschaffen wurde. Dieses äußert sich in der Depolarisation der Lumineszenz. Es genügt eine verhältnismäßig kleine Anzahl von Prozessen der Energieübertragung, um die Depolarisation vollständig zu machen.

Somit lassen sich aus der Grafik *P*(*C*) (Abb. 63) die zwischenmolekularen Abstände bestimmen, bei denen die Energieübertragung stattfindet. Diese Methode wurde erfolgreich in der Molekularbiologie angewendet. So ergab sich beispielsweise aus der Polarisation der Lumineszenz des Chlorophylls in flüssigen Lösungen kleiner Konzentration und in Suspensionen von Chloroplasten, daß im zweiten Fall der Polarisationsgrad bedeutend geringer war. Dieses Ergebnis wird als experimenteller Beweis der Migration der Energie zwischen den Molekülen des Chlorophylls in den Chloroplasten betrachtet.

Mit Hilfe der Lumineszenzpolarisation läßt sich die Migration der Energie in Eiweißen, in Molekülkristallen, in Polymerfolien usw. untersuchen. Sie stellt ein wertvolles Instrument zur Untersuchung der Struktur und der Orientierung von Molekülen dar. Für die Biologie ist sie eine wichtige Methode zur Untersuchung der Eigenschaften verschiedener biologischer Mikroobjekte, z. B. des Zellplasmas.

3. Optische Aktivität

Wie wir bereits wissen (s. Kap.V), verfügen nur asymmetrische Medien (Lösungen disymmetrischer Moleküle sowie enantiomorphe Kristalle) über optische Aktivität oder über die Fähigkeit, die Polarisationsebene zu drehen. Als Asymmetrie bezeichnet man die Möglichkeit des Stoffes (Moleküle, Kristalle), in zwei Formen aufzutreten, einer Rechts- und einer Linksform, die einander spiegelgleich sind (z. B. die rechte und die linke Hand).

Das gebräuchlichste Bild, das mit dem Begriff der Asymmetrie zusammenhängt, ist die Rechts- und Linksschraube. Und das ist kein Zufall. Die schraubenförmige, spiralartige Struktur ist für asymmetrische Stoffe typisch. Asymmetrische Moleküle haben keine Symmetrieebene und kein Symmetriezentrum. Der überwiegende Teil asymmetrischer Moleküle organischer Substanzen enthält ein asymmetrisches Strukturelement, ein Kohlenstoffatom, das durch vier Valenzbindungen mit unterschiedlichen Radikalen verbunden ist. Auf Abb. 64 ist ein Beispiel hierfür angeführt. Die räumliche Struktur dieser Gruppe stellt einen Tetraeder mit einem Kohlenwasserstoffatom im Zentrum und den Radikalen R_1, R_2, R_3, R_4 an den Eckpunkten dar. Aus Abb. 65 geht hervor, daß die Struktur eines solchen Tetraeders gewissermaßen durch

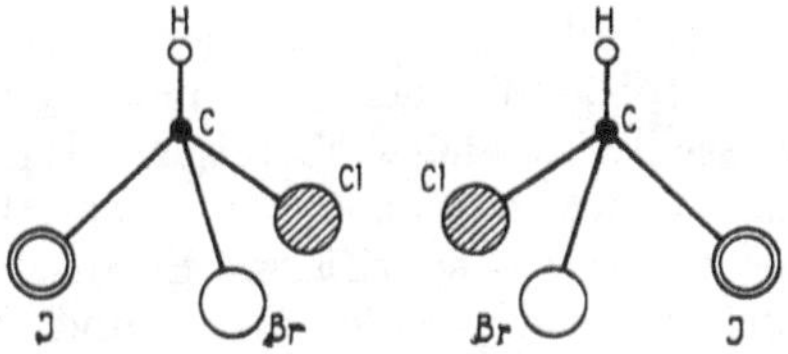

Abb. 64. Spiegelbildliche Isomere eines asymmetrischen Moleküls mit einem zentralen Kohlenstoffatom

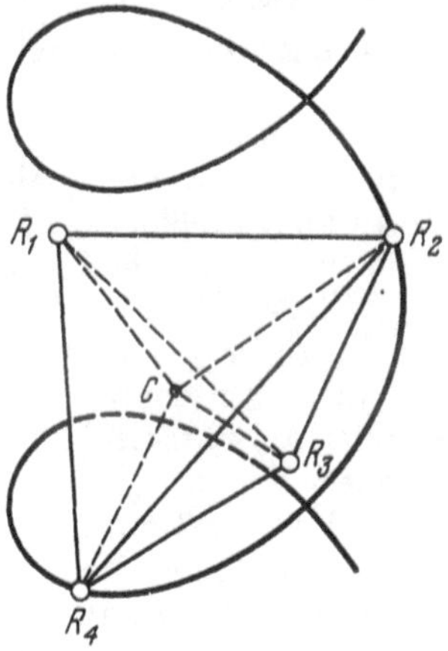

Abb. 65. Schraubencharakter der Tetraederstruktur

eine Schraubenbewegung gebildet wird – die Transformation der Linie $R_3 - R_4$ in die Linie $R_1 - R_2$ beinhaltet eine Vorwärtsbewegung und Drehung (Schraubengang).

Somit kann man den Kohlenstofftetraeder als Elementarzelle der Schraubenstruktur auffassen. Dabei ist wesentlich, daß die Radikale R unterschiedlich sein müssen. Wenn sie einander gleich wären, könnte eine solche Struktur gleichermaßen durch eine Rechts- und eine Linksschraube beschrieben werden und hätte folglich keine Asymmetrie.

Asymmetrische Moleküle gibt es in zwei Formen, der rechten und der linken, die sich nicht ineinander umwandeln. Die spiegelbildlichen Isomere eines Stoffes haben in der Regel die gleichen chemischen Eigenschaften, gleiche Dichte, gleichen Schmelzpunkt usw. Ihre grundlegende und wichtigste spezifische Eigenschaft ist die optische Aktivität, wobei die linken und die rechten Formen die Polarisationsebene des Lichtes in verschiedene Richtung drehen. Dies ist die einzige sichere und exakte Methode zur Unterscheidung und Untersuchung verschiedener Formen asymmetrischer Stoffe. Damit wird ihre hervorragende Rolle bei der Untersuchung der Asymmetrie verständlich.

Aus disymmetrischen Molekülen aufgebaute Kristallstrukturen verfügen in der Regel ebenfalls über optische Aktivität. Doch es gibt auch recht viele Kristalle, die aus inaktiven Molekülen aufgebaut sind, aber die Polarisationsebene drehen. In diesem Fall werden die Schraubenstrukturen im Kristallgitter als Ganzem gebildet und sind seine kollektive Eigenschaft. Wird ein solcher Kristall aufgelöst oder zerschmolzen, verschwindet die optische Aktivität wieder.

Betrachten wir die Übereinstimmung und den Unterschied zwischen der Anisotropie von Systemen (z. B. festen und flüssigen Lösungen), die aus anisotropen Molekülen bestehen, und der Asymmetrie von Flüssigkeiten und Lösungen, die aus disymmetrischen Molekülen bestehen (oft wird zur Unterscheidung, ob von molekularen oder makroskopischen Parametern die Rede ist, gerade diese Terminologie verwendet).

Eine Lösung von anisotropen Molekülen ist isotrop, wenn die Moleküle durch keinen äußeren Einfluß orientiert und somit chaotisch verteilt sind. Das ist verständlich, denn in einem solchen System wird die Zahl der Moleküle mit entgegengesetzter Orientierung im

Mittel gleich sein, und die Anisotropie der einen wird von der Anisotropie der anderen „ausgelöscht". Als Ganzes ist die Lösung isotrop.

Dagegen ist bei einer Lösung disymmetrischer Moleküle einer Sorte (z. B. linke) gar keine Orientierung nötig, damit das Medium insgesamt asymmetrisch und optisch aktiv ist. Sind alle Moleküle von der gleichen Sorte, so werden sie alle die Polarisationsebene in die gleiche Richtung drehen (wenn auch, allgemein gesagt, in verschiedenem Grade in Abhängigkeit von der Orientierung), aber nie in die andere Richtung.

Wenn man eine Analogie zwischen der Anisotropie und der Asymmetrie von Lösungen sucht, dann ist der unorientierten isotropen Lösung das Razemat oder razemische Gemisch analog, in dem die gleiche Zahl von Molekülen der rechten wie der linken Form enthalten ist und das deshalb als Ganzes keine Drehung der Polarisationsebene hervorruft.

In der unbelebten Natur findet man asymmetrische Stoffe nur in Form von Razematen. Dieser Zustand ist am wahrscheinlichsten, er hat die maximale Entropie. Bei gewöhnlichen Reaktionen der chemischen Synthese ergibt sich ebenfalls stets ein razemisches Gemisch.

Ganz anders ist das Bild in der belebten Natur. Die wichtigsten biologischen Stoffe (Aminosäuren, Eiweiße, Nukleinsäuren, Kohlenwasserstoffe) sind in allen lebenden Organismen als reine disymmetrische Formen vorhanden, als reine Antipoden. Diese Eigenschaft der lebenden Substanz wurde schon vor langer Zeit entdeckt, sie ist zweifellos von sehr großer allgemein-biologischer Bedeutung, doch ist ihr Wesen bis heute nicht völlig verständlich. Vom allgemeinen Gesichtspunkt aus ist es wichtig festzustellen, daß sich darin eine Abweichung der Entropie des gegebenen Systems vom möglichen Maximalwert äußert. Diese spezifische Eigenschaft lebender Organismen bringt das allgemeine Gesetz vom Streben der lebenden Materie nach Regelmäßigkeit zum Ausdruck.

Offensichtlich ist die Asymmetrie aus irgendwelchen

Gründen günstig für das Leben, deshalb festigte sich diese Eigenschaft, einmal entstanden, im Prozeß der Evolution.

Die Frage nach den Ursachen des ersten Auftretens asymmetrischer lebender Materie fand bisher keine eindeutige Antwort. Für uns ist jetzt die folgende Hypothese am interessantesten: Es wurde experimentell festgestellt, daß zirkular polarisiertes Licht auf Razemate selektiv wirkt. Zum Beispiel zerlegt es vorwiegend die linken, aber nicht die rechten Antipoden, oder es begünstigt die Synthese der einen Form stärker als die der anderen.

Andererseits gibt es Gründe zu der Annahme, daß im in der Erdatmosphäre gestreuten Sonnenlicht die rechtszirkular polarisierte Komponente über die linkszirkulare dominiert. Der Grund dafür liegt in der Drehung der Polarisationsebene durch das Magnetfeld der Erde (s. Kap. IX).

Das Überwiegen dieser Komponente rief gerichtete chemische Prozesse hervor und schuf die ersten reinen asymmetrischen Systeme, und dann tat die natürliche Auslese das ihre.

Die Frage nach den Ursachen der biologischen Zweckmäßigkeit reiner asymmetrischer Formen im Vergleich zu Razematen ist ebenfalls nicht restlos geklärt. Jedoch spricht eine Reihe experimenteller Daten überzeugend von der außerordentlichen Bedeutung der Asymmetrie für die Lebensvorgänge. Es genügt, folgende Fakten anzuführen. Die für die Organismen wichtigsten Stoffe Eiweiße, Lipide, Kohlenwasserstoffe und Nukleinsäuren kommen in lebenden Systemen nur als reine Antipoden vor. Gleichzeitig findet man Stoffe, die für das Leben weniger wichtig sind (Produkte der teilweisen und völligen Verarbeitung, Reservesubstanzen und dergleichen) in Form beider Antipoden und zum Teil sogar als Razemate. Ein zweiter Fakt, der auf dasselbe hinweist, ist der entdeckte Prozeß der Razemisierung beim Altern einer lebenden Substanz. Es existieren sogar von den Biologen gewonnene Angaben über Vorzüge optisch aktiver lebender Systeme im Vergleich zu razemischen bei so wichtigen biologischen Prozessen wie z. B. Wachstumserscheinungen. Im allgemeinen steht außer Zweifel, daß die Asymmetrie zur wesentlichen Erhöhung einer Reihe spezifischer Funktionen des Protoplasmans führt. Man kann die Bedeutung gar nicht hoch genug einschätzen, die die Untersuchung der hierzu gehörigen Fragen für die Lösung so allgemeiner und umfassender Probleme wie die Fragen der Spezifik und des Ursprungs des Lebens hat.. Die grundlegende experimentelle Methode ist hier die Drehung der Polarisationsebene. Deshalb kann die verbreitete Meinung, daß diese Methode unter allen anderen Methoden die für die Biologie wichtigste ist, nicht als Überbewertung bezeichnet werden. Es ist interessant festzustellen, daß die Asymmetrie nicht nur den biologisch wichtigen Molekülen, sondern auf morphologischem Niveau auch den Organismen als Ganzen eigen ist (Schraubenstrukturen von Bakterienkolonien, Rechts- und Linksspiralen der Muscheln, der schraubenförmige Aufbau von Kletterpflanzen). Auf eben diesem Niveau wurden auch die ersten Untersuchungen durchgeführt. Ein wichtiger Schritt war die Feststellung der Tatsache, daß der makroskopischen Asymmetrie die molekulare Disymmetrie zugrundeliegt. Wie überhaupt in der Biologie, war der Übergang zum molekularen Forschungsniveau sehr fruchtbringend.

Außer der rein wissenschaftlichen, erkenntnistheoretischen hat diese Forschungsrichtung auch eine große Bedeutung für eine Reihe konkreter wissenschaftlicher Probleme. Wir wollen uns auf einige Beispiele beschränken. Wie allgemein bekannt, gibt es zwei Theorien über die Entstehung des Erdöls — die anorganische und die organische. Jede dieser Theorien verfügt über eine Reihe gewichtiger Argumente. Die experimentell festgestellte optische Aktivität von Erdöl ist der wichtigste Beweis für seinen organischen Ursprung. Wenn das Erdöl der Entstehung nach ein mineralisches Produkt wäre, wäre es ein Razemat.

Die Asymmetrie kann als Untersuchungsmethode für bestimmte biologische Objekte genutzt werden. Das Prinzip besteht darin, daß, wenn man auf asymmetrisches Protoplasma mit linken und rechten Isomeren verschiedener organischer Stoffe einwirkt, die relative Effektivität der Wirkung dieser Isomere von der chemischen Zusammensetzung des Plasma abhängt.

Folglich gibt diese Methode, die die Bezeichnung Asymmetrieanalyse erhielt, die Möglichkeit, Zusammensetzung und Struktur lebender Systeme zu untersuchen.

Die optische Aktivität und ihre Dispersion (Abhängigkeit von der Wellenlänge) ist eine wertvolle Methode für die Untersuchung der Struktur und der Eigenschaften von Biopolymeren — Eiweißen, Nukleinsäuren. In der Regel haben sie Spiralstrukturen und drehen die Polarisationsebene stark. Dabei ist z. B. die optische Aktivität längs der Spirale und quer zu ihr sehr unterschiedlich. Starke Veränderungen der Aktivität erfolgen bei verschiedenen wichtigen Strukturänderungen von Biopolymeren, z. B. wenn die Spiralen zu Knäueln verformt werden.

Eine wertvolle neue Methode ist die Untersuchung der Dispersion der optischen Aktivität von Farbstoffen, die an Nukleinsäuren gebunden sind. Das ist ebenfalls eine Methode markierter Moleküle (s. vorhergehenden Abschnitt). Im freien Zustand sind diese Farbstoffe inaktiv, werden aber z. B. bei Anschluß an die DNS aktiv. Dabei hängt die erworbene optische Aktivität von Ort und Charakter des Anschlusses ab, z. B. davon, ob die Moleküle einzeln oder als verbundene Paare (Dimere) angeschlossen werden. All das liefert breite Möglichkeiten, detaillierte Informationen über die Eigenschaften der untersuchten Strukturen zu gewinnen.

Natürlich erschöpft sich mit Molekularbiologie und Biochemie nicht das Anwendungsgebiet der Methode der Polarisationsebenendrehung. Sie ist von großer Bedeutung für die Untersuchung der Struktur und der Eigenschaften verschiedener Moleküle und besonders in der Stereochemie, der Lehre vom räumlichen Aufbau der Moleküle. Gerade mit Hilfe der optischen Aktivität schuf L. Pasteur vor etwa 100 Jahren die Grundlagen dieser Lehre. In der organischen Chemie werden mit dieser Methode ebenfalls wichtige Aufgaben gelöst — man untersucht den Einfluß von Substitutionsgruppen, von konjugierten Bindungen in Molekülen usw.

Die extrem hohe Empfindlichkeit der Methode, die an sich sehr wertvoll ist, führt zu bedeutenden experimentellen Schwierigkeiten. Die Erscheinung hängt sehr stark von der Temperatur ab, von der Natur des Lösungsmittels und dergleichen und erfordert exakte Beachtung aller Faktoren.

Auch in der anorganischen Chemie findet die Methode der Drehung der Polarisationsebene wertvolle Anwendungen, insbesondere für die Erforschung von Komplexverbindungen. Mit ihrer Hilfe ist es gelungen, die räumliche Struktur einer Reihe komplexer Ionen zu entschlüsseln.

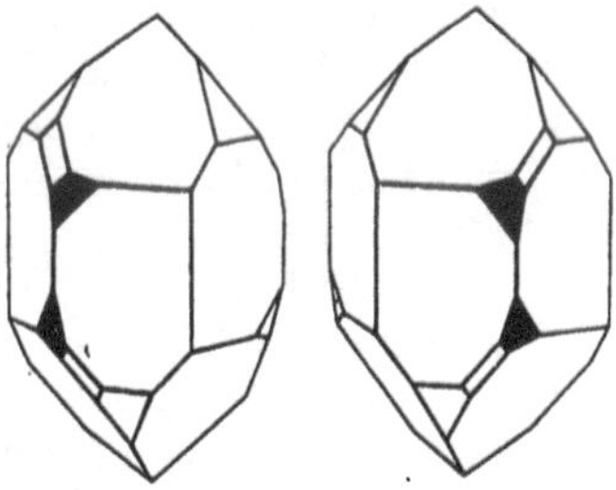

a b

Abb. 66. Enatiomorphe Formen des linken (a) und rechten (b) Quarzes

Auch bei der Untersuchung von Kristallen findet die optische Aktivität breite Anwendung. Kristalle, die die Polarisationsebene drehen können, sind auf jeden Fall enantiomorph, d. h., sie existieren in linken und rechten Formen. Diese Formen werden durch die spiegelbildliche Korrespondenz ihrer Gitterstruktur bestimmt, was anschaulich in der geometrischen Form der entsprechenden Einkristalle zum Ausdruck kommt. Es gibt recht viele optisch aktive Kristalle in den einzelnen Kristallsystemen und -klassen. Eines der typischen Beispiele ist der Quarzkristall, dessen Spiegelantipoden in Abb. 66 dargestellt sind.

Wenn ein Kristall keine natürliche Begrenzung hat, kann man nur mit einer einzigen, dafür aber sicheren und einfachen Methode feststellen, welcher Antipode vorliegt — durch die Richtung der Drehung der Polarisationsebene. In mehreren Fällen erlaubt diese Methode auch, wichtige Angaben über Details des Kristallgitterbaues zu erhalten.

Es muß jedoch gesagt werden, daß die grundlegende optische Methode bei der Untersuchung von Kristallen die Doppelbrechung ist.

4. Die Doppelbrechung

Kristalle sind in der anorganischen Natur äußerst weit verbreitet. Die meisten Minerale sind Kristalle. Zahlreiche Kristalle gibt es auch unter den organischen Verbindungen. Mit jedem Jahr werden mehr unterschiedliche synthetische Kristalle gezüchtet. Kristalle finden eine breite Anwendung in der Technik.

Damit wird die Bedeutung effektiver und empfindlicher Methoden zur Untersuchung und Analyse der Kristalle deutlich, darunter auch der optischen Methoden.

Die Doppelbrechung des Lichtes ist eine der allgemeinsten Eigenschaften der Kristalle (s. Kap. V), natürlicherweise fand sie breite Anwendung bei ihrer Erforschung.

Große und hochwertige Einkristalle sind relativ selten in der Natur zu finden, und sie künstlich zu züchten, ist nicht leicht. Viel häufiger hat man mit polykristallinen Materialien zu tun, d. h. mit Pulvern, die aus mikroskopischen Einkristallen bestehen, oder mit kristallinen Konglomeraten.

Das wichtigste Instrument bei kristalloptischen Untersuchungen ist deshalb in der Regel das Polarisationsmikroskop. Es unterscheidet sich von einem gewöhnlichen dadurch, daß unter dem Objektträger ein Polarisator und über ihm ein Analysator angebracht ist, so daß das zu untersuchende Objekt zwischen beiden liegt. Polarisator und Analysator befinden sich auf der Mikroskopachse und können auf dieser Achse unabhängig voneinander gedreht werden, so daß man sie gekreuzt, parallel oder in jede beliebige andere Stellung bringen kann. Um die gleiche Achse läßt sich auch der Mikroskoptisch mit der Probe drehen.

Die zu untersuchenden kleinen Kristalle werden unmittelbar auf den Objektträger gelegt. Bei der Untersuchung von Berggesteinen, Mineralen, Schlacken u. a. werden mit einer speziellen Schleifmethode dünne Präparate hergestellt, die sog. petrographischen Schliffe. Ihre Dicke liegt gewöhnlich unter 0,02—0,03 mm.

Der Schliff liegt auf dem Mikroskoptisch senkrecht zur Mikroskopachse. Da jedoch im allgemeinen der Schliff nicht in einer bestimmten kristallographischen Ebene erfolgt ist, sondern in einer zufälligen, ist diese Orientierung des Schliffes meist nicht die zur Beobachtung günstigste. Darum ist es notwendig, die Orientierung der Schliffebene im Raum ändern zu können. Hervorragend ist dafür der Universaldrehtisch nach Fedorow geeignet, der von dem bekannten russischen Kristallographen konstruiert worden ist (Abb. 67). Der Fedorowsche Tisch wird direkt auf dem Mikroskoptisch festgeschraubt. Damit ist es möglich, das Präparat nicht nur um eine, sondern um mehrere (4 oder 5) Achsen zu drehen, die sich in einem Punkt, dem Zentrum des Universaltisches kreuzen.

Außer diesem Achsensystem sind zwei gläserne Halbkugeln wichtige Teile dieses Tisches, zwischen denen der Schliff angebracht wird (Abb. 68). Der zu untersuchende Teil des Schliffes muß in der Mitte der so gebildeten Glaskugel liegen. Die Brechzahlen der Kristalle liegen gewöhnlich bedeutend näher bei der Brechzahl von Glas als bei der von Luft. Deshalb ist die Brechung an der Grenze Schliff—Glas sehr klein, und danach breiten sich die nötigen Strahlen radial in der Kugel aus. Folglich fallen sie normal auf ihre Oberfläche und treten so prak-

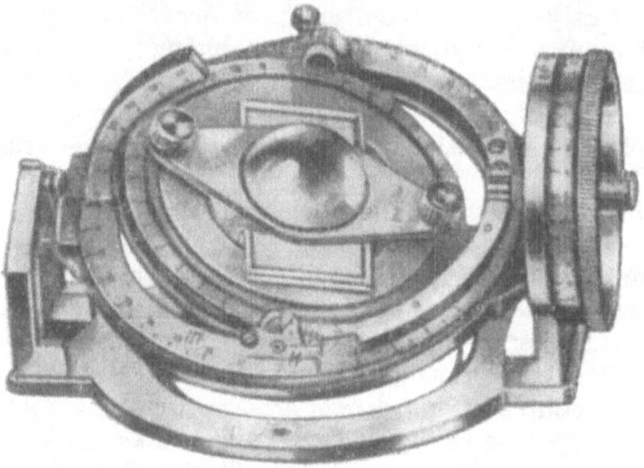

Abb. 67. Vierachsiger Universaldrehtisch nach FEDOROW

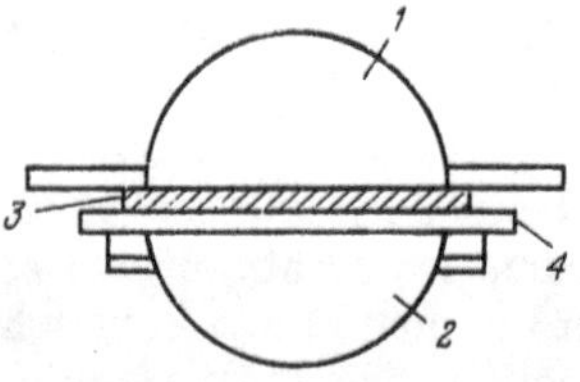

Abb. 68. Gläserne Kugelsegmente des FEDOROWschen Tisches
1, 2 — oberes und unteres Segment, 3 — Schliff, 4 — runde Glasplatte des FEDOROWschen Tisches

tisch ungebrochen in die Luft aus. Gäbe es keine Kugel, so hätten wir eine solche günstige Situation nur in einer Richtung, nämlich in der senkrecht zum Schliff. In allen anderen Richtungen (und für diese gibt es auch den FEDOROWschen Tisch) würde die Brechung der Strahlen beim Übergang vom Schliff in Luft die Beobachtung erschweren und ihre Ergebnisse entstellen.

Wenn der Wissenschaftler in seiner Anordnung einen solchen universellen Manipulator für die Arbeit mit Mikrokristallen hat, kann er nach ihren kristalloptischen Eigenschaften die Symmetrie des Kristalls, das System und die Klasse, zu der er gehört, bestimmen, ebenso andere Daten, die in den meisten Fällen genügen, um eindeutig die Art des Kristalls zu bestimmen. Eine besonders breite Anwendung erfahren diese Forschungen in der Geologie und Mineralogie.

Wichtige Ergebnisse kann man dabei aus sehr einfachen Beobachtungen gewinnen. So kann man mit Hilfe der Auslöschungsbedingungen für monochromatisches Licht zwischen gekreuzten Nicol-Prismen ermitteln, wie der Schliffschnitt in bezug auf kristallographische Ebenen orientiert ist und welcher Art das Kristallsystem ist. Ebenso leicht ist der Aufbau der Kristalle zwischen gekreuzten Nicol-Prismen zu finden durch die unterschiedliche Auslöschung der einzelnen monokristallinen Körnchen in dem Konglomerat-Gemenge. Für genauere quantitative Untersuchungen werden oft Kompensatoren verwendet, die geeicht worden sind. Mit ihnen läßt sich die Doppelbrechung in der untersuchten Probe messen und somit deren Dicke bestimmen. Eine qualitative Aussage über die Dicke und die Art der Schliffe (was oftmals völlig ausreichend für die Durchführung der Analyse ist) kann man mittels der mit bloßem Auge sichtbaren Interferenzfärbung des Plättchens treffen. Es existieren genaue Farbnomogramme, die für die meisten bekannten Minerale eine Bestimmung der Probendicke aus der Interferenzfarbe ermöglichen. Umgekehrt kann aus dem Nomogramm die Mineralart entnommen werden, wenn man die Dicke bzw. Doppelbrechung mit dem Kompensator gemessen hat. Das ist besonders wichtig für mineralogische Schnellanalysen.

Als wichtige Methode kann die Untersuchung der konoskopischen Bilder ein- und zweiachsiger Kristalle im konvergierenden Lichtbündel dienen (s. Kapitel VI). Weil die konoskopischen Bilder sehr spezifisch und charakteristisch für Kristalle mit unterschiedlicher Doppelbrechung und unterschiedlicher Orientierung sind, kann man mit diesen die Orientierung bestimmen und über die Probenart entscheiden.

Die Doppelbrechung ermöglicht es auch, mit Hilfe der Änderungen der Doppelbrechung, Interferenz, der konoskopischen Bilder usw., die bei allen Verzerrungen und Zerstörungen der Vollkommenheit des Gitters auftreten, z. B. bei mechanischer Deformation der Kristalle oder anderen äußeren Einflüssen, über den Grad der Vollkommenheit von Kristallgittern zu urteilen.

Die Kristalle sind die wichtigste und umfangreichste Klasse von Stoffen mit doppelbrechendem Charakter, jedoch ist mit ihnen durchaus nicht das Anwendungsgebiet dieser Methode erschöpft. Alle Stoffe mit einer bestimmten Orientierung, die teilweise oder völlig anisotrop sind und Dichroismus und spontane Lumineszenzpolarisation aufweisen, zeigen in gewissem Grade auch Doppelbrechung. Deshalb wird diese Methode neben anderen zur Untersuchung solcher Medien ausgenutzt.

Eine bedeutende Doppelbrechung zeigen zum Beispiel Chloroplaste gewisser höherer Pflanzen. Tatsächlich wurde erstmals mit dieser Eigenschaft der anisotrope, abgeplattete Bau der Chloroplaste festgestellt. Bemerkenswerterweise ist der Dichroismus der Chloroplaste sehr klein, und durch ihn konnten diese Resultate nicht erzielt werden.

Eine breite Anwendung findet die Erforschung der Doppelbrechung bei der künstlichen Orientierung von Medien, insbesondere bei der Orientierung von Teilchen im Flüssigkeitsstrom. Als charakteristisches Beispiel kann man die Untersuchung der Struktur von Phagenteilchen, insbesondere die Packung der DNS in Phagen, mit Hilfe der Strömungsdoppelbrechung anführen.

KAPITEL IX

Interessante Erscheinungen in der Natur, die mit der Lichtpolarisation im Zusammenhang stehen

1. Physiologische Optik, die Empfindlichkeit des Auges gegenüber der Lichtpolarisation

Das Auge ist ein äußerst empfindliches optisches Instrument. Es kann die Intensität des Lichtes in einem außerordentlich großen Wertebereich (Änderung etwa um das Milliardenfache) wahrnehmen und unterscheiden. Es unterscheidet hunderte von Farbnuancen. Mit den Augen erhalten wir Informationen über die Form und die Lage der Objekte im dreidimensionalen Raum.

Weit weniger bekannt ist, daß das unbewaffnete menschliche Auge auch in der Lage ist, unmittelbar auf die Lichtpolarisation zu reagieren. Das ist nicht verwunderlich, da die Empfindlichkeit des Auges gegenüber Polarisation in keinem Vergleich zu seiner spektralen Empfindlichkeit steht. Es soll hier die Reaktion auf die Polarisation des Lichtes erläutert werden. Weiterhin ist die Frage, warum ein solch hervorragendes optisches Instrument wie das menschliche Auge so wenig polarisationsempfindlich ist, nicht ohne Interesse.

Als erster entdeckte HAIDINGER 1844, daß man mit dem bloßen Auge die Polarisation des Lichtes feststellen kann. Dabei muß gesagt werden, daß nicht bei allen Menschen die Augen diese Eigenschaft aufweisen. Ein Beobachter, der mit dieser Fähigkeit ausgestattet ist, sieht, wenn er auf eine glatte von linear polarisiertem weißen Licht beleuchtete Fläche schaut, nach einigen Sekunden eine eigentümliche schwach ausgebildete blaßgelbe Figur auf blauem Untergrund (Abb. 69). Sie wird als HAIDINGERsche Figur bezeichnet. Die Figurenachse steht senkrecht auf der Polarisationsrichtung. Wenn man den elektrischen Vektor um 90° dreht, sieht der Beobachter die gleiche Figur, ihre Lage ist jedoch um diesen Winkel gedreht. Die Figur bleibt auch bei teilweise polarisiertem Licht sichtbar, z. B. mit dem blauen Himmel als Hintergrund.

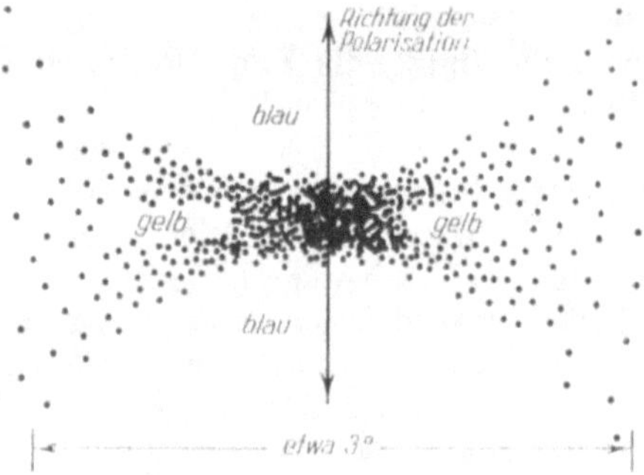

Abb. 69. HAIDINGERsche Figur

Die Ursache dieser Erscheinung muß ein gewisser Analysator sein, der sich im Auge selbst befindet. Bereits HELMHOLTZ entwickelte die Vorstellung, daß dieser Analysator mit dem Dichroismus der radialen Fasern (der sogenannten MÜLLERschen Fäden) zusammenhängt, die die Netzhaut des Auges in der Nähe des gelben Fleckes bedecken. Der Dichroismus erklärt sich offensichtlich durch die geordnete Lage der anisotropen Moleküle des gelben Pigmentes in diesen Fasern. Eine Analyse der HAIDINGERschen Figur ergibt, daß die molekularen Oszillatoren der Pigmentabsorption senkrecht zu den Fasern gerichtet sein müssen. Somit ist der gelbe Fleck ein radiales Polaroid, dessen Schema in Abb. 70 dargestellt ist.

Ein solcher Analysator schwächt in unterschiedlichem Maße die verschiedenen Teile des linear (oder teilweise linear) polarisierten Lichtes. Dabei ergibt sich die HAIDINGERsche Figur. Man kann sich leicht ein Modell des radialen Polaroids herstellen (Abb. 71), indem man einen

Polaroidstreifen in Richtung der durchgelassenen Schwingung der Länge nach in Sektoren zerschneidet (Abb. 71a) und diese zu einem Vieleck anordnet (Abb. 71b). Man kann

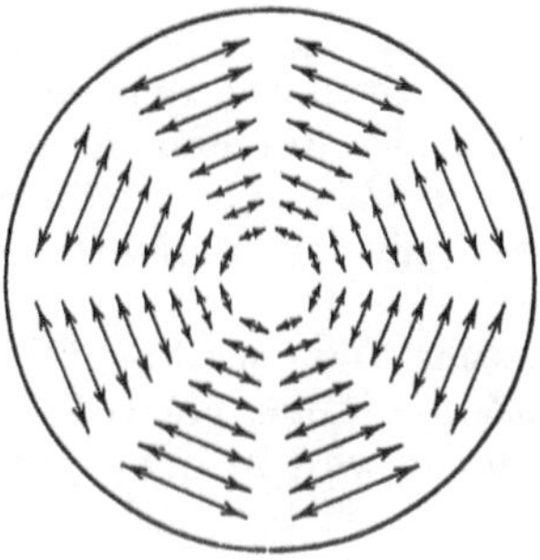

Abb. 70. Schema eines radialen Polaroids

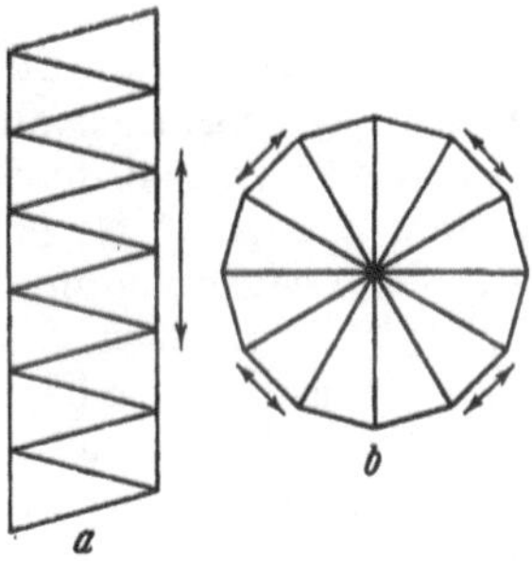

Abb. 71. Anfertigung eines Modells eines radialen Polaroids

die scharfen Grenzen zwischen den Sektoren beseitigen, indem man das Vieleck schnell um seine Mittelachse rotieren läßt. Die HAIDINGERsche Figur erhält man, wenn man zwischen einem Projektor und einem Bildschirm einen linearen Polarisator und ein radiales Polaroid bringt.

Die experimentell ermittelten Spektralgrenzen, in denen man die HAIDINGERsche Figur sehen kann, umschließen das Intervall von 400 bis 510 nm, am deutlichsten ist das Bild bei einer Beleuchtung mit Licht von ca. 490 nm Wellenlänge zu sehen.

In einer Reihe von neuen Arbeiten tauchen jedoch Einwände gegen die HELMHOLTZsche Hypothese auf, und es wird eine neue anatomische Hypothese über die Art des radialen Polarisators vorgeschlagen, bei der seine Struktur mit dem Aufbau der Netzhaut in anderer Weise zusammenhängt. Die optischen Grundzüge der HELMHOLTZschen Theorie eines radialen Analysators im Auge bleiben aber erhalten.

Die HAIDINGERsche Figur wird auch dann beobachtet, wenn das Leuchtfeld zirkular polarisiert ist. Die Polarisationsempfindlichkeit wird in der Ophtalmologie angewendet. Damit ist es möglich, zwischen einer Erkrankung der Netzhaut selbst und des Auges zu unterscheiden.

Es erhebt sich die Frage, warum sich im Evolutionsprozeß des Auges nur eine geringe Empfindlichkeit gegenüber der Polarisation eingestellt hat. Sie wäre beispielsweise für die räumliche Orientierung auf der Erde von Nutzem, da das Licht aus verschiedenen Himmelsrichtungen unterschiedlich polarisiert ist (s. u.). Möglicherweise hat sich diese Polarisationsempfindlichkeit als uneffektiv erwiesen, da die Polarisation des Lichtes infolge von Veränderungen in der Erdatmosphäre nicht genügend stabil ist. Als weitaus zuverlässiger und störunanfälliger erwiesen sich andere Methoden, z. B. das Sehen mit zwei Augen.

Übrigens gibt es tatsächlich Lebewesen, die eine große Empfindlichkeit gegenüber der Polarisation besitzen. Das sind die Insekten, insbesondere die Bienen. So dient der sog. Bienentanz dazu, die übrigen Bienen über eine Nahrungsfundstelle zu unterrichten. Der Tanz besteht darin, daß die Biene, die Nahrung bringt, geradlinig einige Zellen der Wabe durchquert, danach einen Bogen beschreibt und dieses einigemale wiederholt. Wenn der Tanz in horizontaler Ebene verläuft, zeigt die Richtung der geraden Strecke unmittelbar die Flugrichtung zum Futter an. Wird der Tanz in vertikalen Waben durchgeführt,

führt die Biene eine besondere Transformation des Koordinatensystems aus: der Winkel zwischen der Flugrichtung und der Sonne wird in den Winkel zur Vertikalen (entgegengesetzt zur Schwerkraft) umgeformt. Viele Beobachtungen haben gezeigt, daß die tanzende Biene die Sonne nicht zu sehen braucht. Die Untersuchung der Richtungsabhängigkeit der geraden Wegstrecke von verschiedenen äußeren Bedingungen führte zu dem Schluß, daß die entscheidende Bedingung die Lichtpolarisation des blauen Himmels ist, die gesetzmäßig mit dem Sonnenstand zusammenhängt (s. u.). Die Biene orientiert ihren Tanz nur dann richtig, wenn sie einen Teil des blauen Himmels sieht, und sei er noch so klein. Die Vorstellungen über den Navigationsmechanismus der Bienen werden durch Experimente mit polarisiertem Licht gestützt.

Es gilt als bewiesen, daß sich die Navigationsorientierung der Gliedertiere auf drei Elemente des Himmelskompasses stützt: Sonne, Lichtpolarisation des Himmels und Mond. Da dieser „Kompaß" sich zeitlich ändert, müssen die Gliedertiere ein ziemlich genaues inneres Zeitempfinden besitzen.

Der Mechanismus für die Analyse der Lichtpolarisation muß mit dem Aufbau der Facetten des Facettenauges der Gliedertiere zusammenhängen. Auch hierzu gibt es verschiedene Hypothesen, eine Klärung ist bis jetzt noch nicht erreicht.

2. Optik der Atmosphäre

In der Natur gibt es ein ausgeprägtes Beispiel für die Lichtpolarisation: die Polarisation des Himmelslichtes. Die Ursache dieser Erscheinung ist uns bekannt, nämlich die Polarisation bei der Streuung an Molekülen (s. Kap. V, Abschn. 4) Infolge der Transversalität der Lichtwellen muß das Licht, das an isotropen Molekülen senkrecht zur ursprünglichen Richtung gestreut wird, linear polarisiert sein. Der Polarisationsgrad des Lichtes des blauen

Himmels ist für verschiedene Punkte des Himmelsgewölbes sehr unterschiedlich (von 0 bis etwa 80%). Wenn die Sonne in der Nähe des Horizontes steht (bei Auf- oder Untergang der Sonne), ist der Polarisationsgrad am höchsten für das Licht von den Stellen des blauen Himmels, die auf einem Großkreis durch den Zenit senkrecht zur Richtung zur Sonne liegen. Der Vektor der elektrischen Feldstärke des gestreuten Lichtes steht dabei senkrecht auf der Ebene Sonne-Beobachter-Streuungspunkt. Folglich ist er im Zenit horizontal und in der Nähe des Horizontes vertikal.

Die geringste Polarisation tritt ungefähr in der Richtung zur Sonne und in der entgegengesetzten Richtung auf. Natürlich hängt der Polarisationszustand an verschiedenen Punkten des Himmelsgewölbes von der Stellung der Sonne ab, d. h. von der Tageszeit. Eine gute qualitative Untersuchung dieser Verteilung der Polarisation über das klare Himmelsgewölbe kann man mit Hilfe eines Polarisationsfilters oder eines beliebigen anderen Analysators durchführen.

Abb. 72 gibt die Abhängigkeit des Polarisationsgrades

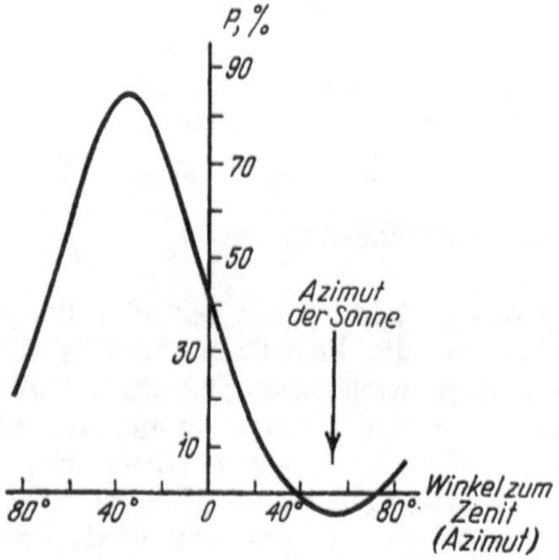

Abb. 72. Abhängigkeit der Polarisation des Himmelsgewölbes vom Azimut

des Himmelslichtes vom Azimut längs eines Großkreises wieder, der durch den Zenit und die Sonne verläuft. Als positiv wird die Polarisation mit bevorzugt horizontaler Schwingungsrichtung bezeichnet. Das Maximum der Polarisation tritt etwa unter einem Winkel von 90° zur Sonne auf. In der Nähe der Richtung zur Sonne ändert die Polarisation zweimal ihr Vorzeichen, wobei sie den Wert Null durchläuft. Dieses sind die sogenannten neutralen Punkte. Über der Sonne befindet sich der BABINETsche neutrale Punkt, unter ihr der BREWSTERsche neutrale Punkt. Wenn die Sonne sehr dicht am Horizont steht, ist der untere neutrale Punkt nicht sichtbar. Dafür erscheint ein anderer, der ARAGOsche neutrale Punkt, auf der entgegengesetzten Seite des Himmelsgewölbes. In der Richtung genau zur Sonne ist die Polarisation sehr gering und von entgegengesetztem Vorzeichen, es überwiegt die vertikale Schwingungsrichtung.

In der Regel ist das Himmelslicht teilweise linear polarisiert. Jedoch läßt sich manchmal mit Hilfe des BABINETschen Kompensators eine geringe elliptische Polarisation nachweisen.

Die azimutale Abhängigkeit der Lichtpolarisation wurde experimentell für den klaren Himmel erhalten und stimmt mit der für molekulare Streuung berechneten Abhängigkeit gut überein. Wird experimentell eine Abweichung von dieser Abhängigkeit festgestellt, so weist das darauf hin, daß eine Streuung an Wasserdampfwolken, Aerosolen und anderen Teilchen, die eine Trübung der Atmosphäre hervorrufen, erfolgt. Beispielsweise ist die Polarisation des an Wolken gestreuten Lichtes sehr klein oder sogar Null. Dieses läßt sich z. B. in der Fotografie dazu benutzen, um die Kontraste der Wolken mit Hilfe eines Polaroids zu verstärken. Für die Farbfotografie ist dieses die einzigste Möglichkeit, da Gelb- und Orangefilter nicht verwendet werden können.

Ebenso polarisiert auch Rauch das gestreute Licht nicht, was dazu benutzt werden kann, um aus großen Entfernungen auf dem Hintergrund des Himmels Waldbrände zu entdecken. Mit Hilfe von genauen Polarisationsmessungen kann man die Verschmutzung der Atmosphäre durch Aerosole und dergleichen untersuchen.

Die Polarisation tritt in der gleichen Weise auch für Licht auf, das im Wasser der Meere gestreut wird. Sie läßt sich besonders gut unter Wasser beobachten.

Häufig tritt die Polarisation in der Natur auch bei Licht auf, das von Wasseroberflächen reflektiert wurde. Ein unpolarisierter Lichtstrahl, der von einer Wasseroberfläche reflektiert wird, wird teilweise linear polarisiert (bei Auftreffen unter den BREWSTERschen Winkel sogar vollständig linear polarisiert). Die bevorzugte Komponente ist dabei horizontal. Mit Hilfe eines Polaroids, dessen durchlässige Richtung senkrecht orientiert ist, lassen sich störende Reflexe auslöschen. Dieses läßt sich bei verschiedenen Arbeiten ausnutzen, z. B. bei der Navigation mit Hilfe eines Sextanten.

Eine Polarisation des Lichtes tritt auch bei anderen Naturerscheinungen auf, beispielsweise dem Regenbogen, dem Halo der Sonne und dem Nordlicht.

3. Astronomie

Das Licht der verschiedenen Himmelskörper und kosmischen Objekte erweist sich in vielen Fällen als polarisiert. Die Untersuchung dieser Polarisation liefert wesentliche Informationen über die Eigenschaften der Planeten, Sterne, Nebel, der interplanetaren und interstellaren Materie usw. Die Polarimetrie ist ein wichtiger Zweig der Astrophysik.

Als Polarisationsgrad des Lichtes bezeichnet man in der Astrophysik meist das Verhältnis der Intensität der polarisierten Komponente zur Intensität des gesamten untersuchten Lichtstroms. Charakteristisch für die experimentellen Untersuchungen (wie auch in anderen Anwendungsgebieten der Lichtpolarisation) ist in letzter Zeit der Ersatz der visuellen Polariskope und Polarimeter durch photoelektrische. Selbstverständlich haben Polarisationsuntersuchungen in der Astronomie nur in Zusammenwirkung mit anderen astrophysikalischen Methoden Sinn und Wert, mit photometrischen, spektroskopischen, radioastronomischen u. a. Die Gegenüberstellung der vorhandenen verschiedenen Methoden, die gegenseitige Ergänzung und Kontrolle der Resultate ermöglichen eine stichhaltige und zuverlässige Überprüfung verschiedener Hypothesen.

In völliger Übereinstimmung mit der Tatsache, daß der Mond durch reflektiertes Sonnenlicht leuchtet, ist das Licht des Mondes teilweise polarisiert, wobei die überwiegende Schwingungsrichtung senkrecht auf der Ebene steht, die durch Mond, Sonne und Erde geht. Diese Polarisation des Mondlichtes betrachtet man üblicherweise als die positive. Mehrere Wissenschaftler haben die Polarisation des vom Mond als Ganzem und von seinen einzelnen Gebilden (den „Meeren“ und „Kontinenten“) reflektierten Lichtes gemessen, weiterhin die Abhängigkeit der Polarisation von der Mondphase und der Wellenlänge des Lichtes. Die größte Polarisation entspricht der Phase der ersten Viertels, die geringste dem Vollmond. Verschiedene Forscher erhielten ziemlich unterschiedliche Maximalwerte, bis zu 47% bei den „Meeren“ und bis 17% bei den „Kontinenten“. Gegen Vollmond (bei Phasen von etwa 10°) wird die Polarisation negativ und hat geringe Beträge. Der Grund für die Vorzeichenänderung der Polarisation ist nicht völlig geklärt, man schreibt ihn dem Einfluß der Vielfachreflexionen an Unebenheiten der Mondoberfäche zu. Ein Vergleich der Polarisation verschiedener Gebiete des Mondes mit der Polarisation diffus an unterschiedlichen irdischen Gesteinen gestreuten Lichtes führte einige Experimentatoren zu der Schlußfolgerung, daß die Oberfläche der „Mondmeere“ mit Gesteinen bedeckt ist, die der Lava ähneln, und die Oberfläche der „Kontinente“ mit lehmigen Sanden. Die spektrale Abhängigkeit der Polarisation des Mondlichtes ist folgende: der Polarisationsgrad ist am geringsten im infraroten Bereich, im sichtbaren (z. B. im grünen) größer und noch größer im ultravioletten. Mit der Untersuchung der Lichtpolarisation in Gebieten des unbeleuchteten Teils der Mondscheibe, die unmittelbar an den beleuchteten Teil angrenzen, wurde der Versuch unternommen, eine (wenn auch sehr verdünnte) Mondatmosphäre zu entdecken. Jedoch werden diese Versuche sehr durch Effekte irdischen Ursprungs erschwert (Polarisationsstreuung in der Erdatmosphäre u. a.). Unter Berücksichtigung oder Beseitigung dieser Störungen wurde das Ergebnis erhalten, daß die Dichte der Atmosphäre an der Mondoberfläche mindestens 10^9 mal geringer ist als an der Erdoberfläche.

Die Lichtpolarisation der Planeten ermöglicht es, im Prinzip die gleichen Aufgaben zu lösen wie beim Mond — Untersuchung der Oberfläche der Planeten und ihrer Atmosphäre.

Es zeigte sich, daß die Abhängigkeit der Polarisation von der Phase beim Merkur die gleiche ist wie beim Mond. Da er auch photometrisch dem Mond ähnelt, nimmt man an, daß ihre Oberflächenstrukturen analog sind. Offensichtlich ist die Merkuroberfläche eine bergige, stark zerfurchte Steinwüste. Der Unterschied der Polarisation im grünen und roten Spektralbereich und das Ansteigen der Polarisation vom Zentrum der Scheibe zu den Rändern erklärt sich aus dem Vorhandensein einer sehr verdünnten Atmosphäre auf dem Merkur (1 mm Quecksilbersäule an der Oberfläche), die die grünen Strahlen stärker als die roten streut.

Die Untersuchung der Polarisation des in der Venusatmosphäre gestreuten Lichtes (insbesondere ein Vergleich mit irdischem Wolkenbildungen) führte zu dem Schluß, daß die Streuung an relativ großen Teilchen (vom Typ der Wassertröpfchen in irdischen Wolken) erfolgt. Die Natur dieser Teilchen (kleine Kristalle oder Staubteilchen) ist noch unbekannt. Die spektrale Abhängigkeit der Polarisation erwies sich als die gleiche wie beim Mond, die stärkste Polarisation wird im ultravioletten Bereich beobachtet. Eine besondere und interessante Eigenschaft der Venus besteht darin, daß sich die vorwiegende Schwingungsrichtung im ultravioletten Bereich um 90° von der Richtung im sichtbaren Bereich unterscheidet. Dies hatte eine Hypothese vom Vorhandensein zweier Typen streuender Teilchen zur Folge.

Die Phasenabhängigkeit der Polarisation beim Mars ähnelt ebenfalls der beim Mond. Die Polarisation wird von zwei Faktoren bestimmt, von der Oberfläche des Mars und von seiner Atmosphäre. Die Polarisation der hellen Gebiete („Kontinente") und der dunklen Flecke („Meere") wurde mit der Polarisation verschiedener irdischer Bildungen verglichen. Es erwies sich, daß den hellen Gebieten vulkanische Aschen analog sind, während Tone, Sande und Felsen keine vergleichbaren Resultate ergaben. Dagegen zeigte sich in einer Reihe von Fällen, daß die dunklen Gebiete in ihren Polarisationseigenschaften einer mit Pflanzenwuchs bedeckten Oberfläche ähneln. Detailliertere Untersuchungen erlaubten es, wesentliche Unterschiede zwischen den äquatorialen und nördlichen „Meeren" festzustellen. Es zeigte sich, daß das Licht von den Polkappen des Mars stärker polarisiert ist als das irdischer Schneeflächen.

Das Vorhandensein einer Atmosphäre bringt gewisse Veränderungen in die Polarisation. Zum Beispiel ruft das Auftreten von Wolken und Nebelbildungen in der Marsatmosphäre Abweichungen der Polarisation des Mars von der des Mondes hervor. An der Polarisation kann man das Vorhandensein solcher Gebilde sogar dann entdecken, wenn sie in den Teleskopen nicht sichtbar sind. Eine wesentliche Depolarisation bewirken die sogenannten gelben Schleier (einer Vermutung zufolge sind das Staubstürme). Aus diesen Effekten gewannen verschiedene Forscher Werte für Dichte und Druck der Marsatmosphäre, indem sie sie den Ergebnissen anderer Methoden gegenüberstellten. Die Resultate der einzelnen Autoren gehen ziemlich stark auseinander[1] (von 18 bis 60 mm

[1] Angaben mit Berücksichtigung der Schwerkraftsbeschleunigung.

Quecksilbersäule, stimmen jedoch mehr oder weniger mit den Ergebnissen von Photometrie, Streuung, Helligkeits- und Kontrastbestimmung und anderen Methoden überein: der Mittelwert aller Methoden beträgt 65 mm Quecksilbersäule. Die Spektralabhängigkeit der Polarisation des Mars hat den gleichen Charakter wie bei Mond und Venus.

Die Polarisation der Jupiterscheibe ist an verschiedenen Stellen unterschiedlich. Sie ist an den Rändern stärker als im Zentrum der Scheibe und unterschiedlich am östlichen und westlichen Rand des Planeten. Man stellt eine Konstanz der Polarisation in den Polargebieten fest. Eine Reihe von Autoren ist der Ansicht, daß der Betrag des Polarisationsgrades und ihre Verteilung auf der Planetenscheibe dafür spricht, daß die Atmosphäre unter der Wolkenschicht des Jupiter sehr dünn ist. Beim Jupiter wurde auch eine Radiostrahlung festgestellt, deren eine Komponente polarisiert ist. Mit ihrer Hilfe erhielt man interessante Angaben über die physikalischen Prozesse in der Jupiterionosphäre.

Auf der Scheibe des Saturn unterscheidet sich die Polarisation der Polargebiete ebenfalls von der der anderen Teile des Planeten, doch ist sie im Gegensatz zum Jupiter nicht konstant und unterliegt starken Veränderungen. Polarisiert sind auch die beiden hellen Saturnringe, die von der dunklen CASSINIschen Teilung getrennt werden. Interessant ist, daß die Polarisation beider Ringe unterschiedlich ist. Bei dem inneren Ring ähnelt sie der Polarisation irdischer Gesteine, dagegen hat sie bei dem äußeren Ring einige noch unverständliche Besonderheiten.

Lichtpolarisation wurde in den Schweifen von Kometen gefunden. Mit ihrer Hilfe wurde gezeigt, daß das kontinuierliche Spektrum der Schweife von der Streuung des Sonnenlichtes an Staubteilchen herrührt.

Als fruchtbringende Methode für die Untersuchung der Sonnenflecken erwies sich der ZEEMAN-Effekt, die Aufspaltung der Spektrallinien im Magnetfeld der Flecken

(s. Kapitel IV). Dabei ist die Polarisation der Komponenten ein wichtiges Anzeichen dafür, daß die Aufspaltung vom ZEEMAN-Effekt hervorgerufen wird. Methodisch sehr wichtig ist die Auswahl der Spektrallinien für die Arbeit. Am bequemsten sind Linien mit der einfachsten Form und einer maximalen Aufspaltung vom einfachen Typ (Triplets). Diese Methode findet breite Anwendung für die Topographie, Systematisierung und Erforschung der Magnetfelder der Sonnenflecke, zur Bestimmung der Richtung und Stärke der Magnetfelder. Bei der Mehrzahl der Flecke auf der Sonnenscheibe beobachtet man den longitudinalen ZEEMAN-Effekt, woraus folgt, daß das Magnetfeld senkrecht zur Sonnenoberfläche gerichtet ist. In Übereinstimmung damit wurde bei den Flecken am Rand der Scheibe der transversale Effekt erwartet und auch festgestellt. Die Resultate dieser Methode werden zweifellos eine große Rolle bei der Beantwortung der Frage nach dem Ursprung der Magnetfelder der Flecken spielen, auf die es vorläufig noch keine befriedigende Antwort gibt.

Polarisiert ist auch das Licht der Sonnenkorona, der äußersten Hülle der Sonne, die sich bis zu einer Entfernung von einigen Sonnendurchmessern erstreckt. Das Leuchten der Sonnenkorona geht allmählich in das Zodiakallicht über. Man kann die Sonnenkorona nur während totaler Sonnenfinsternisse sehen. Jedoch gelingt es mit Hilfe besonderer Geräte — Koronographen — sie auch sonst zu untersuchen. Die Leuchterscheinungen mit kontinuierlichen Spektren, die 90% der Gesamtstrahlung der Sonnenkorona ausmachen, sind das Licht der Photosphäre, das von schnellen freien Elektronen der Korona gestreut wird. Dieses Leuchten ist teilweise polarisiert, wobei der Polarisationsgrad am Rand der Sonnenscheibe etwa 15% beträgt, mit wachsender Entfernung vom Rand nimmt er schnell zu (etwa bis 40%), sinkt dann bei weiterer Entfernung langsam und geht allmählich zu Werten über, die für das Zodiakallicht charakteristisch sind. Die Struktur der Korona, die sich zeitlich unregelmäßig verändert, beeinflußt die Polarisation stark, da diese von der räumlichen Orientierung der Koronagebilde zum Sehstrahl des Beobachters abhängt. Deshalb sind die oben angeführten Ziffern lediglich Richtwerte.

Das Zodiakallicht ist das an festen Staubteilchen des sonnennahen Raumes gestreute Licht. Es ist nachts entlang des Tierkreises (daher die Bezeichnung) in Form eines sich zum Horizont hin verbreiternden Streifens zu beobachten. In der sichtbaren Helligkeit übertrifft es die Helligkeit des Nachthimmels um das zwei- bis dreifache. Das Zodiakallicht ist teilweise polarisiert, wobei der Polarisationsgrad vom Winkelabstand zur Sonne abhängt. Bei einem Abstand von 80° zur Sonne beträgt der Polarisationsgrad 12%, erreicht bei 60° 15% und sinkt fast auf Null bei 90°.

Was die jenseits der Grenzen des Sonnensystems befindlichen Objekte betrifft, so wird die Lichtpolarisation der Nebel schon seit Beginn dieses Jahrhunderts untersucht, doch die Lichtpolarisation von Sternen begann man erst vor ganz kurzer Zeit, seit dem Ende der vierziger Jahre zu erforschen.

Bei der Untersuchung der Polarisation der Nebel und Sterne gibt es zwei Seiten des Problems: die eigene Polarisation des vom Stern oder Nebel ausgestrahlten Lichtes und die Polarisation, die das Licht erfährt, wenn es die gewaltigen Entfernungen durch den kosmischen Raum durchläuft und mit der verdünnten interstellaren Materie in Wechselwirkung tritt (die sogenannte interstellare Lichtpolarisation nach der in der astronomischen Literatur üblichen Terminologie). Die erste kann äußerst wichtige Angaben über den Mechanismus der Lichtemission durch das Objekt liefern, die zweite über die Eigenschaften der interstellaren Materie, die Struktur der Magnetfelder der Galaxis u. dgl. Die Schwierigkeit besteht in der Trennung dieser beiden Seiten des Effekts voneinander. Für die Überwindung dieser Schwierigkeit ist es sehr wichtig, daß bei der Streuung an isotropen Staubteilchen des interstellaren Mediums das Licht nach bekannten Gesetzen polarisiert wird (s. Kap. V). Eine solche Polarisation von Sternen und Nebeln wird in der Astrophysik als radial bezeichnet. Sie wird in vielen Fällen tatsächlich festgestellt. Dieser Umstand beseitigt die Schwierigkeiten jedoch nicht völlig. Nichtradiale Polarisation kann nicht nur durch den Ausstrahlungsmechanismus von Licht durch einen Nebel oder Stern selbst entstehen, sondern auch infolge einer Streuung an anisotropen und erst recht an orientierten Teilchen des galaktischen Mediums.

So ist die Untersuchung der Lichtpolarisation von Nebeln und Sternen keine leichte Aufgabe.

Das Licht extragalaktischer Nebel ist an sich unpolarisiert; diese Folgerung aus der Analyse der Beobachtungsergebnisse entspricht der Erwartung, denn dieses Licht ist die integrierte Strahlung einer riesigen Menge verschiedener Sterne, die den typischen Fall einer Quelle natürlichen Lichtes darstellen. Folglich sind diese Quellen von großem Interesse als Eichnormal, das Schlüsse über die polarisierende Wirkung der diffusen Materie in unserer Galaxis erlaubt.

Die galaktischen Nebel sind Wolken verdünnten Gases mit Staubteilchen, die sich im interstellaren Raum unserer Galaxis befinden. Die vorhandene Klassifikation der galaktischen Nebel unterteilt sie in mehrere Typen: planetare, diffuse, Reflexionsnebel u. a.

Die Strahlung planetarer Nebel ist in der Mehrzahl der Fälle nicht polarisiert. Nur für einen gibt es Angaben über das Vorhandensein einer schwachen Polarisation der Größenordnung 5%, die noch der Bestätigung bedürfen. Diffuse Nebel liefern eine völlig radiale Polarisation, was mit ihrem Gas-Staub-Modell im Einklang steht. Dabei beträgt der Polarisationsgrad für gewöhnlich von 1—2 bis 10—15%.

Von besonderem Interesse sind einige einzelne Nebel, vor allem der Krebsnebel. Die Polarisation der Strahlung seines amorphen Teils erwies sich als nichtradial. Daraus folgt, daß sie nicht durch die Streuung, sondern durch irgendeinen besonderen Typ der Lichtstrahlung bedingt sein kann. Eine Reihe von Fakten erforderte es, die Hypothese vom Synchrotronmechanismus der Strahlung anzunehmen (Bremsstrahlung von relativistischen Elektronen im Magnetfeld, d. h. von Elektronen mit sehr hohen Geschwindigkeiten, die der Lichtgeschwindigkeit nahekommen). Ein wichtiges methodisches Verfahren war bei diesen Untersuchungen der Vergleich der Polarisation der Nebel und der benachbarten Sterne, der half, die „interstellare Polarisation" zu berücksichtigen und die eigene Polarisation des Nebels auszusondern.

Die räumliche Verteilung der Polarisation erlaubt es, den Verlauf der magnetischen Feldlinien des Nebels zu bestimmen und seine magnetische Induktion einzuschätzen (es zeigte sich, daß sie in der Größenordnung 10^{-3} Gauß liegt). In den zentralen Gebieten des Nebels ist das Magnetfeld hochgradig homogen, wobei die Feldlinien etwa senkrecht zur galaktischen Ebene stehen, an den Rändern hingegen sind die Feldlinien um die Wolken dunkler Materie gekrümmt, die die Grenzen des Nebels festlegen. Diese Schlußfolgerungen werden von davon unabhängigen Untersuchungen der Struktur des Nebels bestätigt. Der Synchrotronmechanismus der Strahlung des Krebsnebels wird auch von den Angaben über die Polarisation seiner Radiostrahlung bestätigt.

Sehr ähnliche Resultate wurden für den Omeganebel erhalten. In seiner polarisierten Strahlung ist die Richtung der bevorzugten Schwingungen ebenfalls etwa konstant für alle Teile des Nebels (was eine Erklärung auf der Grundlage der Streuung ausschließt). Die Richtung der bevorzugten Schwingungen beträgt etwa 30° zur Ebene des galaktischen Äquators. Dabei ist nur die Strahlung mit kontinuierlichem Spektrum polarisiert. Man nimmt an, daß auch beim Omeganebel ein Synchrotronmechanismus der Strahlung vorliegt. Derartige Resultate wurden auch noch für einige weitere Nebel gewonnen.

Somit liefert die polarimetrische Untersuchung der

Nebel Material, das recht wichtig für das Verständnis ihrer Natur ist.

Der Vergleich der spektralen Abhängigkeit der Polarisation von einem der Reflexionsnebel mit dem oben schon erwähnten Verlauf für die Polarisation der Planeten wurde zu einer vergleichsweisen Abschätzung der Teilchen der interstellaren und interplanetaren Materie benutzt. Im Gegensatz zu den Planeten steigt die Polarisation eines Nebels mit zunehmender Wellenlänge leicht an. Die durchgeführte Abschätzung der Teilchenabmessungen hat gezeigt, daß sie im interstellaren Raum größer sind.

Obwohl mit polarimetrischen Untersuchungen der Sterne erst vor kurzem begonnen wurde, wurde schon umfangreiches Material gewonnen. Die Analyse der Ergebnisse basiert auf der Beobachtung der Polarisation mehrerer tausend Sterne. Für die überwiegende Mehrheit der Sterne wurden folgende grundlegende Gesetzmäßigkeiten gefunden. Polarisiert ist nur das Licht von ziemlich weit entfernten Sternen. Der Polarisationsgrad liegt für gewöhnlich nicht über 8–10%. Die Polarisation verändert sich im sichtbaren Bereich des Spektrums wenig mit der Wellenlänge und verringert sich schnell im infraroten Bereich. In der räumlichen Anordnung der bevorzugten Polarisationsrichtungen der Sterne besteht eine Tendenz, die nur bei der Analyse einer großen Zahl von Sternen in Erscheinung tritt: die bevorzugte Richtung der elektrischen Vektoren verläuft nahe der galaktischen Ebene. Eine eingehende Analyse der Abhängigkeit dieses Effektes von der galaktischen Länge zeigte jedoch, daß die Polarisationsvektoren nicht der galaktischen Ebene parallel sind, sondern einem ihr gegenüber unter einem Winkel von 17–18° geneigten Großkreis. Dieser erhielt die Bezeichnung Polarisationsgroßkreis.

Aus all diesen Angaben folgt, daß das Licht der Sterne in der Regel selbst natürlich ist und die Polarisation von den interstellaren Medien hineingetragen wird. Nur in Einzelfällen kann die Polarisation mit den Sternen selbst zusammenhängen (z. B. kann bei roten Überriesen das aus der Sternatmosphäre austretende Licht infolge von Streuung an freien Elektronen merklich polarisiert sein). Die Erforschung der Polarisation der meisten Sterne liefert wichtige Informationen über die interstellare Materie. Die nichtradiale interstellare Polarisation des Lichtes kann man erklären, wenn man annimmt, daß die Streuung des Sternenlichtes im galaktischen Raum an Staubteilchen von länglicher Form erfolgt, die im interstellaren Magnetfeld orientiert sind.

Die Existenz von Magnetfeldern im interstellaren Raum wird von unabhängigen Untersuchungen der kosmischen Strahlen bestätigt. Die Staubteilchen haben Abmessungen von der Größenordnung der Wellenlänge sichtbaren Lichtes. Bei einer Polarisation um 10% müssen alle oder fast alle Staubteilchen orientiert sein. Damit sich die Teilchen in einem äußeren Magnetfeld orientieren, müssen sie über ein eigenes magnetisches Moment verfügen. Diesbezüglich gilt gegenwärtig die Hypothese als die wahrscheinlichste, daß im interstellaren Staub in geringer Menge ferromagnetische Substanzen enthalten sind, die den Staubteilchen keine ferromagnetischen, sondern paramagnetische Eigenschaften verleihen. Somit ist die interstellare Polarisation eine Methode zur Erforschung der Struktur der interstellaren Magnetfelder. Die interstellare Polarisation ist auch in extragalaktischen Nebeln festgestellt worden.

KAPITEL X

Praktische Anwendungen der Polarisation des Lichtes

Die Anwendungen der Polarisation des Lichtes für die Bedürfnisse der Praxis sind sehr vielfältig. Einige sind schon vor langer Zeit ausgearbeitet worden und werden in großem Maße ausgenutzt. Andere suchen sich erst ihren Weg. In methodischer Hinsicht ist ihnen allen folgender Zug gemeinsam: entweder sie erlauben es, Aufgaben zu lösen, die für andere Methoden völlig unzugänglich sind, oder sie lösen sie auf einem höchst originellen, kurzen und effektiven Weg.

Wir erheben keineswegs Anspruch darauf, alle praktischen Anwendungen der Polarisation des Lichtes vollständig zu beschreiben und beschränken uns nur auf Beispiele aus verschiedenen Bereichen, die die Anwendungsbreite und Nützlichkeit dieser Methoden illustrieren.

1. Lichttechnik

Eine der wichtigsten alltäglichen Aufgaben der Lichttechnik ist die kontinuierliche Änderung und Regulierung der Intensität von Lichtströmen. Diese Aufgabe durch ein Paar Polarisatoren (z. B. Polarisationsfolien) zu lösen, hat gegenüber den anderen Regulierungsmethoden eine Reihe von Vorteilen. Die Intensität kann kontinuierlich vom Maximum (bei parallelen Polarisationsfiltern) bis praktisch zur Dunkelheit (bei gekreuzten Filtern) verändert werden. Dabei ändert sich die Intensität gleichmäßig über den Querschnitt des Strahlenbündels, und der Querschnitt selbst bleibt unverändert. Die Polarisationsfilter können in großen Abmessungen hergestellt werden; deshalb verwendet man solche Paare nicht nur in Laboranlagen, Photometern, Sextanten und Sonnenbrillen, sondern auch in Beleuchtungsanlagen von Schiffen, in Fenstern von Eisenbahnwagen usw.

Polarisationsfilter kann man auch in Lichtsperrsystemen anwenden, d. h. in solchen Systemen, die das Licht nur dort durchlassen, wo es erforderlich ist. Ein Beispiel ist die Lichtsperre bei Autoscheinwerfern. Wenn man Scheinwerfer und Scheiben von Autos mit Polarisationsfiltern versieht, die um einen Winkel von 45° im Uhrzeigersinn gegen die Senkrechte geneigt sind, so sind die Polarisationsfilter auf der Scheibe und den Scheinwerfern des gegebenen Autos parallel. Folglich wird der Chauffeur den Weg und entgegenkommende Fahrzeuge gut sehen, die von den eigenen Scheinwerfern beleuchtet werden. Die Polarisationsfilter der Scheinwerfer eines entgegenkommenden Autos jedoch sind dann mit den Polarisationsfiltern der Scheiben des betrachteten Autos gekreuzt. Deshalb wird das Blendlicht der Scheinwerfer des entgegenkommenden Autos ausgelöscht. Das würde zweifellos die nächtliche Arbeit der Chauffeure bedeutend einfacher und gefahrloser machen.

Ein anderes Beispiel für die Lichtsperre durch Polarisation ist die lichttechnische Ausrüstung des Arbeitsplatzes eines Bearbeiters, der gleichzeitig z. B. einen Oszillographenschirm und irgendwelche Tabellen, graphische Darstellungen oder Karten sehen muß. Das Licht der die Tabellen beleuchtenden Lampen vermindert den Kontrast der Darstellung auf dem Schirm, wenn es auf diesen Schirm fällt. Dem kann man ausweichen, wenn man die Beleuchtung und den Bildschirm mit Polarisationsfiltern ausrüstet, die rechtwinklig zueinander orientiert sind.

Polarisationsfilter können den auf dem Meer arbeitenden (Seeleuten, Fischern usw.) nützlich sein, und zwar zur Auslöschung der vom Wasser gespiegelten Reflexe, die teilweise polarisiert sind. In der Photographie verwendet man Polarisationsfilter in großem Maße zur

Beseitigung von Reflexen der photographischen Objekte (Bilder, Glas- und Porzellanerzeugnisse usw.). Dabei können die Polarisationsfilter zwischen den Lichtquellen und der reflektierenden Oberfläche angebracht werden, was zur völligen Beseitigung der Reflexe führt. Eine solche Methode ist bei der Beleuchtung von Photostudios, Bildergalerien, bei der Aufnahme von chirurgischen Operationen und in einer Reihe anderer Fälle von Nutzen.

Auslöschung von reflektiertem Licht bei senkrechtem oder fast senkrechtem Einfall kann man mit zirkularen Polarisatoren erreichen. Am Ende des ersten Abschnittes von Kapitel IV wurde gezeigt, daß sich dabei rechtszirkular polarisiertes Licht in linkszirkular polarisiertes umwandelt (und umgekehrt). Folglich löscht derselbe Polarisationsfilter, der die zirkulare Polarisation des einfallenden Lichtes erzeugt, das reflektierte Licht aus.

In der Spektroskopie, Astrophysik und Lichttechnik findet man eine breite Anwendung von Polarisationsfiltern, die die Trennung von schmalen Bereichen aus einem kontinuierlichen Spektrum sowie die Änderung von Sättigung oder Schattierungen der Farben in geforderter Weise erlauben. Ihre Wirkung liegt darin begründet, daß die Hauptparameter der Polarisatoren und Phasenplatten (z. B. der Dichroismus der Polarisationsfilter) von der Wellenlänge abhängen. Deshalb können die verschiedenen Kombinationen dieser Anlagen für die Änderung der spektralen Energieverteilung in Lichtströmen ausgenutzt werden. Beispielsweise wird ein Paar chromatischer Polarisationsfilter, die nur im sichtbaren Bereich mit $\lambda < 600$ nm einen Dichroismus aufweisen, in gekreuzter Anordnung rotes, in paralleler Anordnung jedoch weißes Licht durchlassen. Dieser äußerst einfache Aufbau erweist sich als günstig für die Beleuchtung von Photolaboratorien.

Die für astrophysikalische Forschungen verwendeten Polarisationsfilter enthalten eine ziemlich große Anzahl Elemente (z. B. sechs Polarisatoren und fünf sich mit ihnen abwechselnde Phasenplatten mit bestimmter

Orientierung) und erlauben es, genügend schmale Durchlaßbereiche mit einer Breite von 1—5 Å zu erhalten.

2. Die Modulation von Lichtströmen

Die Modulation, d. h. die zeitliche Änderung der Intensität eines Lichstroms, ist ein sehr wichtiges und in der Praxis oft verwendetes technisches Verfahren.

In sehr vielen photometrischen und anderen Anlagen erreicht man die Modulation des Lichtes mit Polarisatoren. Die einfachste modulierende Polarisationseinrichtung besteht aus zwei Filtern, von denen sich eines dreht. Die Intensität des durchgehenden Lichtstroms verändert sich von einem Minimalwert (praktisch Null) bis zu einem Maximalwert mit einer Frequenz, die das Doppelte der Drehfrequenz beträgt. Es gibt zwar eine ganze Reihe von Modulationsanlagen dieses Typs, allerdings liefern sie natürlich keine sehr hochfrequente Modulation.

In der modernen Technik, insbesondere in ihren neuen Gebieten der optischen Rechenmaschinen (die um einige Größenordnungen schneller arbeiten als elektronische Maschinen) oder der Holographie (linsenlose Methode zur Herstellung von Bildern) besteht ein gewaltiger Bedarf an äußerst schneller und hochfrequenter Modulation (bis zu Frequenzen in der Größenordnung von Milliarden Hertz), was unmöglich mittels mechanischer Methoden verwirklicht werden kann. Hier helfen uns Polarisationsmethoden, die auf der Entstehung einer künstlichen Anisotropie des Mediums in einem äußeren elektrischen oder magnetischen Feld basieren (Kerr-, Pockels-, Faraday- und Cotton-Mouton-Effekt; s. Kapitel V). In der Praxis wird am häufigsten der Kerr-Effekt benutzt. Die Relaxationszeit (Zeit bis zum Verschwinden) der Anisotropie in einer Kerr-Zelle liegt in der Größenordnung von 10^{-10} s, für einige Stoffe sogar noch niedriger. Wenn man an den Kondensator der Zelle, die sich zwischen gekreuzten Nicolschen Prismen befindet, eine hochfrequente Spannung anlegt, kann man somit eine optische Sperre erhalten, die den Lichtstrom bis zu 10^9 mal in der Sekunde unterbricht. Eine derartig schnell wirkende Lichtsperre hat bereits ein weites Anwendungsfeld gefunden: Fernsehen, Tonfilm, die Erforschung schnell ablaufender Prozesse. Man braucht nur zu erwähnen, daß man mit ihrer Hilfe die genaue Bestimmung der Lichtgeschwindigkeit auf einer sehr kleinen Meßstrecke durchführt, die etwa drei Meter lang ist und auf dem Experimentiertisch untergebracht werden kann. Die vorhergehenden Methoden zur Messung der Lichtgeschwindigkeit, die auf der Grundlage mechanischer Modulationsarten arbeiteten, benötigten eine Meßstrecke von wenigstens einigen Kilometern, was die Meßgenauigkeit fühlbar verminderte. In letzter Zeit findet der Kerr-Effekt ganz neue Anwendungen, z. B. auf dem Gebiet der optischen Informationsverarbeitung und anderswo. Zur Anwendung des Faraday-Effektes wurde eine Reihe höchst effektiver Stoffe gefunden, z. B. Eisen-Yttrium-Granat, in denen eine bedeutende Drehung der Polarisationsebene im Magnetfeld auftritt.

In demselben Maße werden Polarisationsmethoden auch für die räumliche Modulation von Lichtstrahlen verwendet, d. h. für eine schnelle Änderung ihrer Richtung im Raum (Ablenkung, Aufspaltung usw.). Als Beispiel sei eine der neuen schnell arbeitenden Anlagen zur Ablenkung eines Lichtstrahls beschrieben. Sie besteht aus zwei Teilen: einem doppelbrechenden Kristall und einem elektrooptischen Umschalter. Ein linear polarisierter Strahl, der senkrecht auf den Kristall fällt und der unter einem uniradialen Azimutwinkel polarisiert ist, wird im Kristall entweder nur zum außerordentlichen oder nur zum ordentlichen Strahl, d. h., er wird entweder abgelenkt oder nicht. Die Ausrichtung der Polarisation des auftreffenden Strahls wird mit einem Kaliumdihydrogenphosphatkristall gesteuert, der auf der Grundlage des longitudinalen elektrooptischen Effekts von Pockels arbeitet. An eine senkrecht zur optischen Achse herausgeschnittenen Platte dieses Kristalls wird ein elektrisches Feld angelegt, das mit der Richtung des Lichtstrahls zusammenfällt. Dieses Feld ruft im Kristall eine zusätzliche Doppelbrechung hervor. Ändert man Feldstärke und Dicke der Kristalle und addiert die Komponenten dieser zusätzlichen Doppelbrechung, so kann man erreichen, daß die Polarisationsrichtung des aus diesem elektrooptischen Umschalter austretenden Strahls mit der Polarisationsrichtung des einfallenden Strahls einen Winkel von 90° einschließt. Die Kombination eines doppelbrechenden Kristalls des Islandspats mit einem elektrooptischen Umschalter stellt eine Ablenkeinrichtung dar. Wenn der Umschalter ein uniradiales Azimut des ordentlichen Strahls erzeugt, so passiert das Licht den Spat ohne Ablenkung. Bei Veränderung des Azimuts um 90° wird das Licht abgelenkt. Wenn man an den Umschalter ein hochfrequentes Wechselfeld anlegt, so kann man diese Ablenkeinrichtung schnell arbeiten lassen. Vereinigt man einige dieser Elemente, dann kommt man zu Anlagen, die sowohl eine große Ablenkung als auch eine Auswahl verschiedener Ablenkungen usw. liefern. Solche und ähnliche Geräte finden in einer Reihe von Gebieten der modernen Technik breite Anwendung.

Auch in optischen Rechenmaschinen eröffnet sich die Möglichkeit, die Polarisation des Lichtes zur Realisierung logischer Operationen zu nutzen. Zwei zirkular polarisierte Strahlen gleicher Intensität können auf viererlei Art zusammenwirken und in Abhängigkeit von der Polarisationsrichtung zu folgenden unterschiedlichen Resultierenden der Polarisation führen:

Polarisation des ersten Strahls	Polarisation des zweiten Strahls	Polarisation des resultierenden Strahls
linkszirkular	linkszirkular	linkszirkular
linkszirkular	rechtszirkular	linear
rechtszirkular	linkszirkular	linear
rechtszirkular	rechtszirkular	rechtszirkular

Dieses Schema kann als Tabelle eines dualen Systems logischer Entscheidungen genutzt werden. Wenn einer der aufeinander einwirkenden Strahlen linear polarisiert ist, dann hat er auf das Ergebnis der logischen Entscheidung keinen Einfluß. Deshalb stellt er einen neutralen Zustand dar. Damit ist klar, daß man nach diesem Prinzip auch ein System dreiwertiger Logik aufbauen kann, das Entscheidungen bei gleichzeitigem Zusammenwirken von mehr als zwei Strahlen nach dem Prinzip der Mehrheit fällt.

3. Die Kodierung von Abbildungen und Signalen

Für die Lösung vieler praktischer Aufgaben benötigt man unbedingt die Kodierung und Dekodierung optischer Darstellungen und Signale. Als Kode kann man verschiedene Eigenschaften des Lichtes, z. B. seine Wellenlänge, nutzen. In einer Reihe von Fällen jedoch schafft die Polarisation dafür bessere Möglichkeiten. Die Nutzung der Kodierung und Dekodierung durch Polarisation für das räumliche Betrachten ebener Darstellungen ist ein hervorragendes Beispiel dafür.

Grundlage des physiologischen Effekts des stereoskopischen Sehens realer Objekte ist der Unterschied zwischen ihren Darstellungen auf der Netzhaut des linken und des rechten Auges. Mit speziellen stereoskopischen Photo- und Filmapparaten erhält man Paare von Abbildungen (jeweils für das linke und rechte Auge), die unter verschiedenen, den Blickwinkeln des rechten und linken Auges entsprechenden Winkeln aufgenommen sind. Um solche Paare von Abbildungen betrachten zu können, darf das rechte Auge nur die dafür bestimmte und nicht etwa die andere Abbildung sehen — für das linke Auge gilt das entsprechende. In alten individuellen Stereoskopen machte man das auf einfachste Weise, und zwar mit einer kleinen Trennwand, die das Gesichtsfeld beider Augen begrenzte. Diese Methode ist jedoch in solchen Fällen nicht anwendbar, wenn die Darstellungen auf einen Bildschirm projiziert werden und für einen großen Zuschauerkreis bestimmt sind. Hier muß man die Kodierung der Abbildungen selbst anwenden. Dazu gibt uns die Polarisation günstige Möglichkeiten. Die Abbildungen für das linke Auge werden durch ein Polarisationsfilter mit vertikaler Durchlaßrichtung, die für das rechte Auge durch ein Filter mit horizontaler Durchlaßrichtung hindurchprojiziert (und zwar auf denselben Bildschirm und mit genauer Überlagerung der Abbildungen). Wenn nun der Zuschauer eine Polarisationsbrille aufsetzt (die Achse des linken Filters ist vertikal, die des rechten Filters horizontal), so wird sein linkes Auge nur die „linke" Abbildung und das rechte Auge nur die „rechte" Abbildung sehen. Als Ergebnis entsteht eine Raumvorstellung. Unter der Bedingung, daß die Bilder synchron sind, ist dieses Verfahren auch für Stereofilm geeignet. In Verbindung mit der Ausarbeitung des gerasterten Stereokinos hingegen, das eine Reihe praktischer Vorteile hat, erfuhr die Polarisationsmethode für diesen Zweck keine Entwicklung. Die stereoskopische Polarisationsmethode kann aber von Nutzen sein, wenn man stereoskopische Paare von Röntgenaufnahmen, Zeichnungen und technischen Skizzen, geographischen und geologischen Karten usw. betrachten will. Das beste der zu diesem Zweck anwendbaren Verfahren ist das sogenannte Vektographenverfahren. Bei dieser Methode sind die linke und die rechte Abbildung eines Diapositivs so zueinander gelegen, daß ein und dasselbe Strahlenbündel durch beide Abbildungen hindurchgeht. Dabei genügt nur ein Projektor, und es entfallen die Schwierigkeiten, die mit der Gewährleistung der Deckung der Abbildungen, dem Ausgleich der Helligkeiten u. a. verbunden sind. Die Kodierung der Abbildungen jedoch geschieht mit einer Polarisationsmethode. Ihr Wesen besteht darin, daß das Bild auf dem Film nicht durch isotrope Körnchen von metallischem Silber wie in der gewöhnlichen Photographie entsteht, sondern durch dichroide Moleküle, die in den

Bildern für das linke und rechte Auge senkrecht zueinander orientiert sind. Die Augen des Betrachters werden mit entsprechend orientierten Polarisationsfiltern ausgerüstet. Die Hauptschwierigkeit besteht darin, Stoffe mit einem hohen Dichroismus der Moleküle auszuwählen und Methoden auszuarbeiten, mit denen man einen hohen Grad der Orientierung erreicht. Man kann sogar farbige vektographische Systeme schaffen, indem man anisotrope Farbstoffe von gewünschter Färbung auswählt.

Man ist dabei, Polarisationsschemata für Stereofernsehen, stereoskopische Mikroskopie usw. auszuarbeiten.

Die Kodierung einfacher Lichtsignale durch Polarisation kann nützliche Methoden zur Lichtsignalisation, Lichtidentifikation sowie zur Differenzierung von Lichtindikatoren, wie Leuchttürme, Baken, Laternen, liefern. Zum Beispiel können verschiedene Winkel der Polarisationsflächen eines ausgesandten linear polarisierten Lichtsignals als ein äußerst einfacher Schlüssel dienen, der im Aufnahmegerät mit einem Analysatorfilter einfach und schnell entziffert werden kann.

4. Die spannungsoptische Analyse

Im Kapitel V haben wir schon darüber gesprochen, daß isotrope Körper unter dem Einfluß äußerer mechanischer Einwirkungen (Druck, Streckung u. a.) optisch anisotrop werden können. In solchen Gebieten wie Festigkeitslehre, mechanische Konstruktionen, Bauwesen, Glasindustrie sowie bei der Produktion von Polymeren und Plasten und anderswo kann diese Erscheinung zu praktischen Zwecken ausgenutzt werden. Die Erscheinung selbst erhielt die Bezeichnung Spannungsdoppelbrechung, und mit spannungsoptischer Analyse bezeichnet man die polarisationsoptische Methode zur Erforschung mechanischer Spannungen.

Bei einseitigem Druck (oder einseitiger Dehnung) ist dessen Richtung ausgezeichnet und spielt die Rolle einer optischen Achse. Die entstehende Anisotropie entspricht derjenigen eines einachsigen Kristalls. Bei komplizierteren Deformationen, z. B. bei zweiseitiger Zugbelastung, wird die Probe optisch zweiachsig. Die physikalische Ursache der Spannungsdoppelbrechung besteht in der Deformation der Elektronenhüllen der Atome und Moleküle, in der Orientierung optisch anisotroper Moleküle, in der Verfestigung und Orientierung größerer Teile von polymeren Ketten, in der Orientierung kristalliner Teilbereiche (Kristallite) und anderem.

Für nicht allzu große Spannungen ist der Unterschied der Brechungskoeffizienten Δn der Strahlen mit unterschiedlicher Polarisation, der als Maß der Anisotropie gilt, der Spannung proportional (d. h. der Kraft, die pro Flächeneinheit wirkt). Den Proportionalitätsfaktor bezeichnet man als spannungsoptischen Koeffizienten. Wenn er für einen gegebenen Stoff bekannt ist, so kann man je nach der entstehenden optischen Anisotropie über die Spannungsverteilung im Material urteilen. Als experimentelle Methode zur Entdeckung und Untersuchung dieser Anisotropie kann sogar ein ganz einfacher Versuchsaufbau mit gekreuzten NICOLschen Prismen dienen, in dem die Probe eine Aufhellung in monochromatischem Licht hervorruft. Der chromatische Effekt ist jedoch bedeutend empfindlicher. Die Doppelbrechung besitzt eine Dispersion, und Δn hängt von der Wellenlänge des Lichtes ab. Das Entstehen gefärbter Zonen stellt ein empfindlicheres Anzeichen für die entstehende Anisotropie dar als die einfache Aufhellung im monochromatischen Licht. Außerdem dient die Farbverteilung im entstehenden Interferenzbild als qualitatives Merkmal der Spannungsverteilung. Was die quantitativen theoretischen Berechnungen der entstehenden Bilder anbetrifft, so sind sie in vielen Fällen ziemlich schwierig und haben sich nicht immer als richtig erwiesen. Dafür besitzen die qualitativen Methoden die wertvolle Eigenschaft, einfach und schnell zu sein. In erster Linie sind sie für durchsichtige Körper geeignet. So ist der photoelastische Effekt in polymeren Folien und

Fasern eine der empfindlichsten Methoden bei der Strukturuntersuchung von polymeren Ketten. Die Methode der künstlichen Anisotropie wird mit Erfolg zum Auffinden von Spannungen in geschmolzenen und gepreßten Glaserzeugnissen angewendet. Diese (oft schädlichen) Spannungen im Glas zu beseitigen, ist recht schwer. Man muß dazu die Erzeugnisse fast bis zum Schmelzpunkt erhitzen und dann sehr langsam abkühlen. So werden z. B. die gläsernen Gußstücke für große astronomische Linsen im Verlauf vieler Monate abgekühlt. Die Rolle einer einfachen und effektiven Kontrollmethode kann dabei gar nicht hoch genug eingeschätzt werden.

Jedoch sind die technisch wichtigen Werkstoffe (vor allem Metalle) in der Mehrzahl undurchsichtig. In diesem Fall werden Modelle der zu untersuchenden Gegenstände aus durchsichtigen Werkstoffen (Zelluloid, Plaste u. a.) angefertigt und ihre optische Anisotropie unter dem Einfluß eben derselben Wirkungen untersucht. Allerdings kompliziert die Anfertigung solcher Modelle erstens wesentlich das Analyseverfahren, und zweitens werden immer Zweifel auftauchen, inwieweit die durch das Modell erhaltenen Schlußfolgerungen für das Erzeugnis selbst richtig sind. Deshalb wurde in den letzten Jahren die Methode der indirekten Analyse mit Hilfe aufgetragener Schichten angewandt. Die Gegenstände werden mit einer spiegelnden Farbe bedeckt, und danach wird eine durchsichtige Schicht aus einem Stoff mit einem hohen spannungsoptischen Koeffizienten aufgebracht. Die Probe wird durch einen Polarisator beleuchtet. Das widergespiegelte Licht, daß zweimal durch die Schicht hindurchgegangen ist, wird mit Hilfe des Analysators untersucht. Indem man die Spannung in der Schicht abschätzt, kann man auch die Spannungen in den Oberflächenschichten des Gegenstandes selbst beurteilen.

Das Verschieben der Schicht sowie eine Reihe anderer Faktoren können natürlich Fehlerquellen dabei sein.

Für die dreidimensionale Untersuchung von Spannungen verwendet man Stoffe, die die Anisotropie nach

Wegnahme der Spannung beibehalten. Dazu gehören z. B. Phenolformaldehydharze. Die Spannung wird an das bis auf 80—120° erhitzte Modell angelegt, danach erkaltet es unter Belastung bis auf Zimmertemperatur. Dann bleibt die Deformation im Modell auch nach dem Nachlassen der Belastung erhalten. Ein solches Modell kann man in dünne Scheiben zerlegen und in ihnen die zweidimensionale Deformation in unterschiedlicher Tiefe untersuchen. Es gibt noch andere Verfahren der dreidimensionalen Analyse.

Sogar die qualitativen Ergebnisse der spannungsoptischen Analyse liefern wertvolle Informationen. Diese Methode wird häufig angewendet.

Ihr entspricht auch die Polarisationsmethode zur Untersuchung von Flüssigkeitsströmen, die auf dem MAXWELLschen Orientierungseffekt beruht. Sie wird z. B. bei hydrotechnischen Untersuchungen verwendet, um den Übergang von laminarer zu turbulenter Strömung festzustellen, und auch für andere ähnliche Aufgaben.

5. Saccharimetrie

Der Drehwinkel der Polarisationsebene in Lösungen natürlich aktiver Stoffe bei konstanter Temperatur und Wellenlänge des Lichtes ist proportional der Konzentration und der Schichtdicke der Lösung $\varphi = [\alpha]\, Cd$. Anders könnte es auch nicht sein, da die Drehung durch die Anzahl der Moleküle bestimmt wird, auf die das Licht auf seinem Wege trifft. Folglich kann man mittels dieser Eigenschaft des Stoffes und des Lichtes die Konzentrationen der aktiven Lösungen bestimmen. Der Proportionalitätsfaktor heißt spezifische Drehung und wird mit $[\alpha]$ bezeichnet. Wenn man diesen Koeffizienten für den jeweiligen Stoff kennt und den Drehwinkel der Lösungen mit einer unbekannten Konzentration ausmißt, kann man diese Konzentration schnell und exakt bestimmen.

Die große praktische Bedeutung dieser Methode besteht in ihrer hohen Genauigkeit (sie erreicht die höchste Genauigkeit aller Methoden zur Bestimmung der Konzentration von Lösungen, weil mit Hilfe der modernen Halb schatten- und Modulationsanlagen hundertstel und tausendstel Grad gemessen werden können) sowie in der Einfachheit und Schnelligkeit.

Der wichtigste natürliche aktive Stoff in der Praxis ist der Zucker. Die Methode wird in der Zuckerindustrie verwendet. Sie gestattet es, die erforderliche technologische Kontrolle in den verschiedenen Etappen des Produktionsprozesses durchzuführen. Dabei werden nach Standardisierung der Meßbedingungen die Skalen der Saccharimeter so geeicht, daß man die Konzentration des Zuckers unmittelbar in Prozenten ablesen kann. Der Bereich der am häufigsten zu messenden Drehwinkel der Polarisationsfläche ist so beschaffen, daß die gewöhnlichen Winkelmaße nicht besonders günstig sind. Es gibt eine internationale Zuckerskala, bei der 100° der Drehwinkel durch eine wäßrige Lösung von 26,000 g reiner Saccharose in 100 ml Lösung sind (bei 20°C, in einem 200 mm langen Röhrchen in weißem Licht mit einem Standardfilter). 100° dieser Skala entsprechen 34,620° der Kreisskala. Früher wurden andere Standardskalen verwendet.

Die Methoden der Saccharimetrie werden auch in der pharmazeutischen Industrie bei der Herstellung von Stoffen, wie Kampfer, Kokain, Nikotin usw., verwendet.

6. Die Lumineszenzanalyse in der Geologie

Eine interessante Methode wird auf der Grundlage der Polarisation der Lumineszenz von Bitumengesteinen zum Auffinden von Erdöllagern angewendet. Der Geologe, der nach bitumenhaltigem Gestein sucht, legt die Richtung fest, in der er die Suche nach Erdöl führen muß. Die Konzentration des Bitumen im Gestein ist sehr gering, für zuverlässige Schlußfolgerungen müssen viele Proben untersucht werden. Die Bestimmung des Bitumen nach ihrer Lumineszenz in Lösungen (in Benzol, Azeton u. a.), die aus dem Gestein extrahiert werden, ist eine sehr zweckmäßige Methode auf Grund der Schnelligkeit und der Empfindlichkeit der Lumineszenzanalyse. Es ist klar, daß man Proben für Untersuchungen von der Oberfläche des Bodens oder aus Schichten geringer Tiefe viel einfacher erhalten kann als aus sehr tiefen Schichten. Allerdings können die Proben, die aus den oberen Bodenschichten entnommen werden, zwei verschiedene Arten von Bitumen ganz unterschiedlicher Herkunft enthalten. Die eine Art entsteht aus Erdöldämpfen, die unter der Oberfläche abgelagert sind. Diese Dämpfe diffundieren durch die Erdrinde an die Oberfläche. Andere entstehen aus verschiedenen organischen Stoffen unmittelbar in den Oberflächenschichten. Die Farbe und auch die Spektren der Lumineszenz sind nicht hinreichend spezifisch für die Unterscheidung dieser Bitumentypen. Da kommt die Polarisation der Lumineszenz zu Hilfe. Man kann annehmen, daß symmetrische Moleküle besser durch die Erdrinde diffundieren. Aber diese Eigenschaft vermindert die Anisotropie und fördert die Abnahme der Lumineszenzpolarisation. Bitumen, die an der Oberfläche entstanden sind, sind frei von dieser Bedingung. In ihnen erfolgt keine Auswahl symmetrischer Verbindungen, und folglich kann man bei ihnen einen höheren Grad der Lumineszenzpolarisation erwarten.

Die durchgeführten Bodenuntersuchungen bestätigten diese Annahmen. So fehlte bei einer Kontrolluntersuchung einer Fläche von 60 km^2 mit bekanntem Erdölgehalt den Proben aus dem Gebiet über den Erdöllagerstätten völlig die Lumineszenzpolarisation. Gleichzeitig wurde bei den Proben aus Bereichen, unter denen Erdöl fehlte, ein bemerkenswerter Grad der Lumineszenzpolarisation festgestellt.

Diese Methode kann ein sehr nützliches Hilfsmittel für die Nachforschungen sein, wenn man sie in Verbindung mit anderen klassischen geologischen Methoden benutzt (einschließlich gewöhnlicher Fluoreszenzmethoden).

7. Dekorative Anwendung

Wer auch nur einmal ein Interferenzbild polarisierter Strahlen in Kristallen gesehen hat, kann die Klarheit und Vielfalt dieser Bilder und auch ihre Veränderlichkeit mit der Blickrichtung und Lage der Elemente des optischen Systems nicht genug bewundern.

Solche reichen Möglichkeiten bieten sich für die Ausnutzung auf künstlerischem und dekorativem Gebiet direkt an. Leider haben sie bis jetzt trotz einer Reihe von Erfindungen und Vorschlägen keine breite Anwendung erfahren.

Wenn man eine kristalline (oder eine andere durchsichtige anisotrope Platte) zwischen lineare Polarisatoren bringt, dann treten die Strahlen, die unter verschiedenen Winkeln einfallen, unterschiedlich gefärbt aus, weil die Phasenverschiebung vom Einfallswinkel abhängt. Eine derartige Apparatur ist für farbige Reklame sehr effektvoll. Der Effekt wird noch verstärkt, wenn die Platte ein Mosaik ist und ihre verschiedenen Teile verschiedene Dicke haben und der eine Polarisator sich langsam und gleichmäßig dreht. Die Farben der verschiedenen Mosaikteile verändern sich dabei von Mal zu Mal und verursachen ein sich ständig veränderndes leuchtendes, farbiges Bild.

Nicht nur für Reklame, sondern auch für dekorative Zwecke können solche Mosaike verwendet werden, die manchmal leuchtende Mosaike genannt werden. Sie können durch Aufkleben von Teilchen kristallischer Schmalte (Glimmer, durchsichtiger Gips, Zellophan usw.) auf Glas oder Plexiglas hergestellt werden. Das aus solchen Schmaltelementen zusammengesetzte Bild, Muster oder Ornament wird mehrfarbig, wenn man es auf beiden Seiten mit Polaroidschichten beklebt. Die Farbe jedes Elementes ist für verschiedene Richtungen unterschiedlich, deshalb beginnt das Mosaik in einander übergehenden Regenbogenfarben zu leuchten.

Man kann auch Gravüren herstellen, die nach einem analogen Prinzip wirken. Dazu muß man auf einer Platte aus doppelbrechendem Material (z. B. durchsichtigem kristallinem Gips) mittels irgendeiner Graviertechnik (Ätzen, teilweise Auflösung, Anritzen usw.) eine Abbildung mit unterschiedlicher Materialstärke in ihren verschiedenen Teilen erzeugen. Eine solche Gravüre wird nicht einfach farbig, sondern veränderlich farbig. Die Farbdynamik solcher Mosaike und Gravüren ist ein neues Moment in der darstellenden Kunst, das diese Dinge z. B. von einfachen Buntverglasungen unterscheidet. Vielleicht kann es den Künstlern und Dekorateuren helfen, Effekte von großer ästhetischer Wirkung zu erzielen.

Weiterführende Literatur

[1] A. RECKNAGEL, Physik — Optik. VEB Verlag Technik, Berlin 1971.

[2] E. GRIMSEHL, Lehrbuch der Physik, Bd. 3: Optik. B.G. Teubner, Verlagsgesellschaft, Leipzig 1969.

[3] R. W. POHL, Einführung in die Physik, Bd. III: Optik und Atomphysik, Springer-Verlag, Berlin 1967.

[4] M. BORN, Optik. Springer-Verlag, Berlin 1965.

[5] M. BORN, and E. WOLF, Principles of Optics. Pergamon Press, Oxford 1965.

[6] H. HAAS, Polarisationsoptik. VEB Verlag Technik, Berlin 1953.

[7] Б. И. ВАСИЛЬЕВ, Оптика поляризационных приборов. Изд-во Машиностроение, Москва 1969.

[8] П. П. Феофилов ,Поляризованная люминесценция атомов, Молекул и кристаллов.Физматгиз, Москва 1959.

[9] W. A. SHURCLIFF, Polarized Light. Production and Use. Oxford University Press, London 1962.

[10] D. CLARKE, and J. F. GRAININGER, Polarized Light and Optical Measurement, Pergamon Press, Oxford 1971.

Sachverzeichnis

Der Autor

- **behandelt auf leichtverständliche Weise das Wesen und die Formen der Polarisation des Lichtes**

- **erläutert ausführlich die physikalischen Erscheinungen, die mit der Polarisation des Lichtes verknüpft sind, insbesondere die Erzeugung und den Nachweis von polarisiertem Licht**

- **stellt die Polarisation des Lichtes als wertvolles Hilfsmittel der Forschung dar, wobei auch moderne Probleme, wie Strukturuntersuchung in der Molekularbiologie und der Biochemie, behandelt werden**

- **gibt zahlreiche Beispiele für die praktische Anwendung der Polarisation des Lichtes**

WISSENSCHAFTLICHE TASCHENBÜCHER

www.ingramcontent.com/pod-product-compliance
Lightning Source LLC
LaVergne TN
LVHW092107300926
849161LV00002B/68